咖啡技艺

主　编　苏　莉　李　聪
副主编　蔡夏婷　王丹华
　　　　周　健　黄文裕

北京理工大学出版社
BEIJING INSTITUTE OF TECHNOLOGY PRESS

内容简介

《咖啡技艺》采用以工作过程为导向的“教、学、做”一体化设计理念，以培养学生的操作能力为核心，内容上力求体现新知识、新技术、新工艺，包含了意式浓缩咖啡、咖啡拉花、花式咖啡、单品咖啡4个模块，每个模块又分为几个既相对独立又相互联系的学习任务。将咖啡的起源、文化，有关咖啡的科学知识，制作咖啡的方法、技巧等知识和技能穿插于每个“任务”中。通过学习并完成每个任务，学生能够根据客人的饮品喜好，熟练地使用各种调制咖啡器具，调制出各种不同的浓缩咖啡、花式咖啡和单品咖啡；能够创新咖啡调制与服务，引领咖啡品味时尚。

本书可作为各类高等院校相关专业教材，也可作为培训教材以及咖啡爱好者自学、参考材料。

图书在版编目（CIP）数据

咖啡技艺／苏莉，李聪主编．—北京：北京理工大学出版社，2017.6（2017.7重印）

ISBN 978-7-5682-4284-4

Ⅰ．①咖…　Ⅱ．①苏…②李…　Ⅲ．①咖啡-基本知识　Ⅳ．①TS273

中国版本图书馆CIP数据核字（2017）第138678号

出版发行／北京理工大学出版社有限责任公司
社　　址／北京市海淀区中关村南大街5号
邮　　编／100081
电　　话／（010）68914775（总编室）
（010）82562903（教材售后服务热线）
（010）68948351（其他图书服务热线）
网　　址／http://www.bitpress.com.cn
经　　销／全国各地新华书店
印　　刷／北京市雅迪彩色印刷有限公司
开　　本／710毫米×1000毫米　1/16
印　　张／12
字　　数／240千字
版　　次／2017年6月第1版　2017年7月第2次印刷
定　　价／49.00元

责任编辑／梁铜华
文案编辑／梁铜华
责任校对／周瑞红
责任印制／李志强

图书出现印装质量问题，请拨打售后服务热线，本社负责调换

Foreword 前言

广西北部湾经济区的深入开发，推进了广西社会经济和旅游服务业的发展，南宁市的咖啡行业也迅速发展起来，咖啡服务与制作人才的需求量日益增多。现今该区的职业教育发展也紧跟社会经济改革的步伐，在区教育厅的支持下，笔者单位进行了高星级饭店运营与管理特色专业及实训基地建设，建成了设施一流的咖啡实训室。为更好地培养高素质的技能型人才，满足工学交替服务，特组织教学一线专业教师编写本书。

本书共分为4个模块16个学习任务，每个任务由5个部分组成，即学习目标、学习任务、技能训练、技能评价、拓展阅读；全面系统地介绍了咖啡师的必备知识与技能，以及咖啡制作技术；在重要环节，将每项任务使用的器具、操作过程都列表并附图注明，以便学生掌握知识与技能。因此，本书有很强的直观性和可操作性，是一本适用、够用、好学、好教的教材。

本书由苏莉、李聪担任主编，蔡夏婷、王丹华、周健、黄文裕担任副主编，苏莉、李聪负责策划，苏莉编写第一、二、三模块，蔡夏婷编写第四模块，王丹华、周健负责统稿，黄文裕、李豪负责图片的拍摄和处理。在本书的编写过程中，编者们参阅了国内外同行的相关著作和研究成果，得到了有关部门、学校领导、专家的帮助，在此一并表示衷心的感谢。

希望本书能够给旅游服务专业的教师提供教学上的有力帮助，给学生提供掌握该专业知识和技能的得力方法。由于编写时间仓促，疏漏之处敬请指正，以期更加完善。

编　者

2017年5月

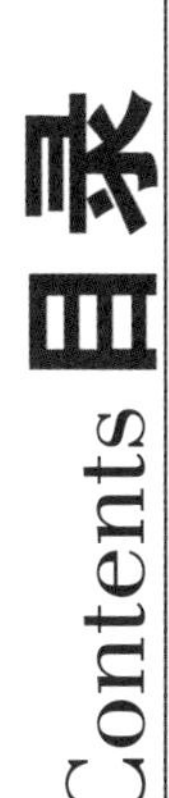

第一模块
意式浓缩咖啡

【引言】

浓缩咖啡（Espresso）或意式浓缩咖啡，是一种口感强烈的咖啡类型，方法是以 90.5 ℃的热水，借由 9~10 atm[①]的高压冲过研磨成很细的咖啡粉，在 20~30 s 萃取出 30 mL 的浓烈咖啡液体。它具有较水滴式咖啡浓稠的质感，每单位体积内含有较水滴式咖啡为高的溶解物质；通常供应量是以“份”(shot) 来计算的。

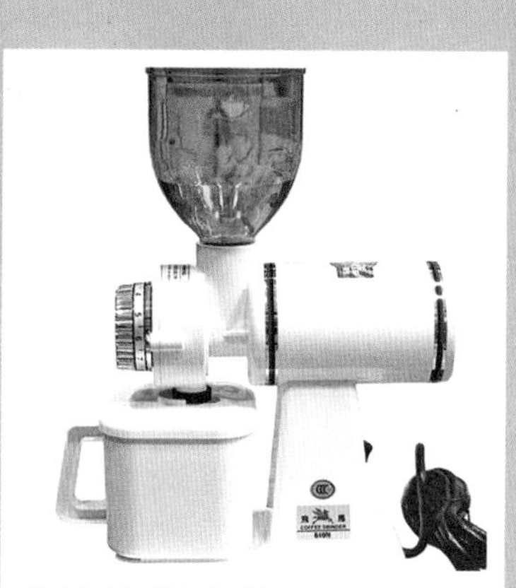

【模块描述】

本模块主要介绍全自动、半自动咖啡机和磨豆机的使用、维护与保养知识，用半自动意式咖啡机制作意式浓缩咖啡、打发奶泡以及咖啡拉花的技能。

① 1 atm＝101. 325 kPa。

任务一　认识制作意式浓缩咖啡的设备和器具

学习目标

知识目标：能认识各式意式咖啡机。

能力目标：会观察——能发现教师在调试意式咖啡机及配套用具过程中的技能要点；

会归纳——能整理总结使用意式咖啡机及配套用具的方法；

会操作——能灵活使用意式咖啡机及配套用具；

会合作——能互相协助完成各个环节的任务。

情感目标：通过对意式咖啡机的使用，体会意大利人对咖啡的热爱及追求。

学习任务

一、认识磨豆机

（一）手动磨豆机

手动磨豆机示例一

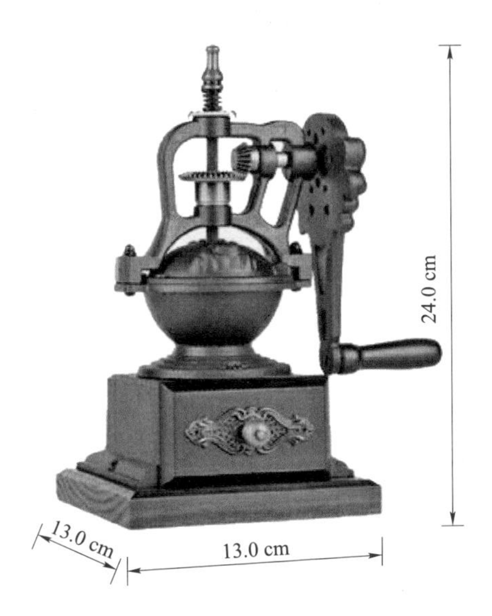

产品信息
Product Parameters

名称：铸铁匠复古手摇磨豆机
货号：TGD04
尺寸：13.0 cm×13.0 cm×24.0 cm
材质：松木底座、铸铁构件、陶瓷磨芯
净重：2.1 kg
容量：装粉容量30 g
产地：上海
存放：旋转通风干燥处
备注：图片均为近距拍摄
具体尺寸请参照尺寸图

品　　牌　BE
名　　称　手摇磨豆机
规　　格　高19 cm，宽10 cm, 手柄10 cm
五金材质　锌合金
材　　质　纽西兰松木
里　　料　铸铁磨芯
重　　量　500 g
产　　地　台湾

手动磨豆机示例二

Hero®
部件名称
产品参数

品牌：Hero

品名：Hero迷你磨豆机

材质：陶瓷、亚克力、不锈钢

杯份：豆仓容量25 g、密封罐容量50 g

尺寸：如右图所示

（二）电动磨豆机

【型号】 国产小飞鹰款磨豆机600 N
【颜色】 酒红色　黑色
【挡位】 八挡调节
【外包尺寸】 365 cm×275 cm×120 cm
【电压】 220 V/50 Hz
【粉碎速度】 120 g/min
【豆仓容量】 250 g
【产品重量】 3.6 kg

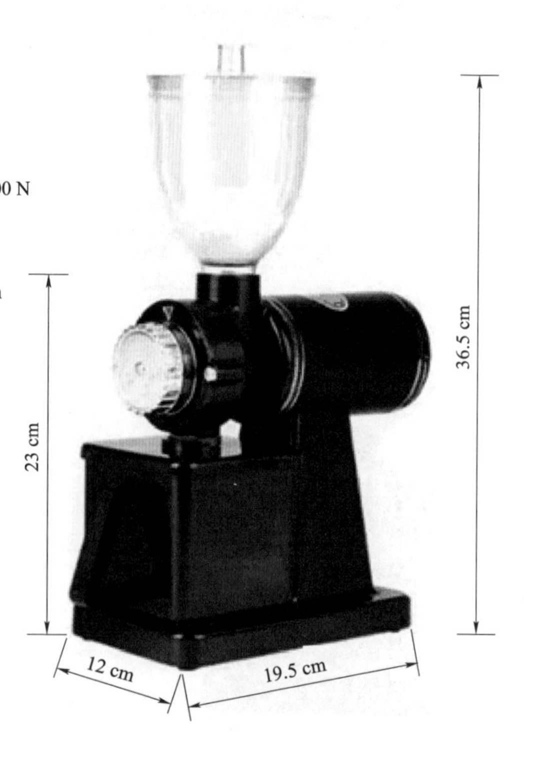

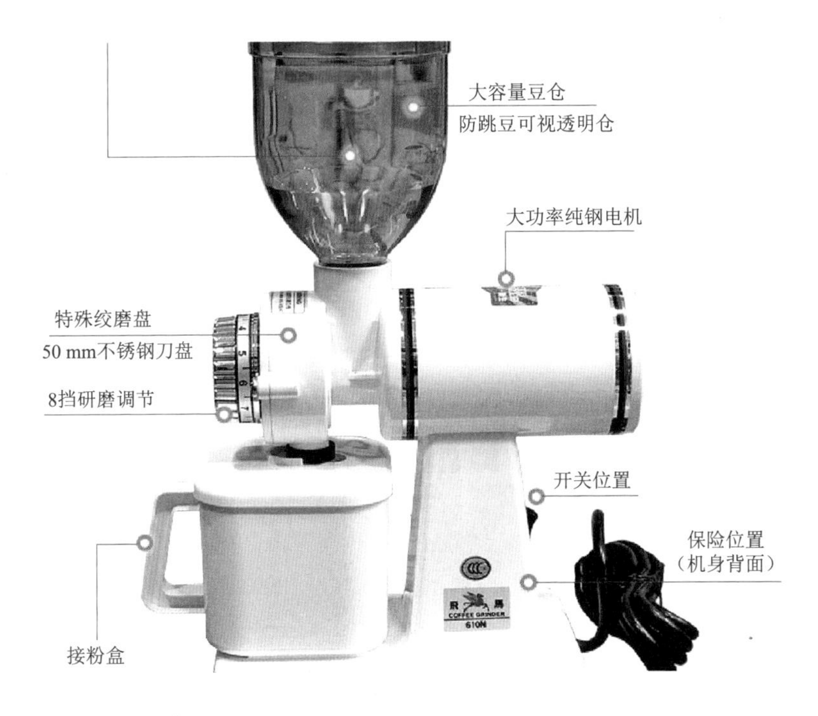

（三）专业意式磨豆机

品　牌	台湾飞马900 N
产　地	台湾
型　号	900 N
电　压	220 V
机械尺寸	33 cm×19 cm×57 cm
包装尺寸	59 cm×26 cm×41 cm
机械重量	10.5 kg
总重量	11.8 kg
马　力	1/2 hp[①]
转　速	1 400 r/min
豆仓容量	1.2 kg
粉碎力	10～15 kg/h
粉碎刀片	64 mm
功　率	360 W

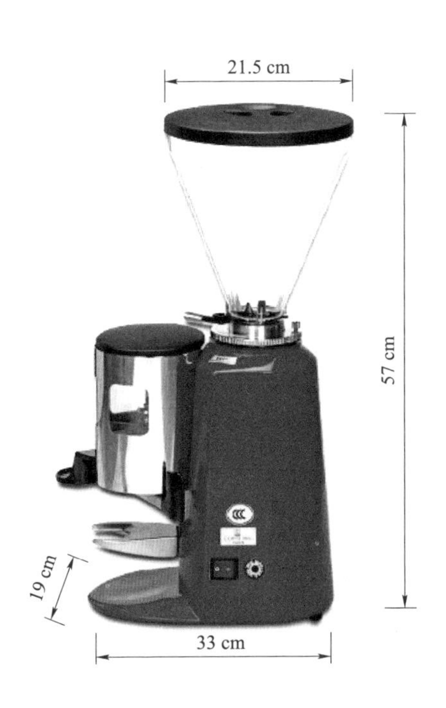

① 1 hp=735. 499 W。

二、认识意式咖啡机

（一）意式办公半自动咖啡机举例

型　号	意式半自动咖啡机伊丽娜EM19-M2
电压/频率	220 V/50～60 Hz
功　率	2 500 W
净　重	15 kg
锅　炉	420 mL
尺　寸	32 cm×28 cm×37 cm
水　箱	3 L
材　质	不锈钢

00
MILESTO
37 cm
28 cm
32 cm

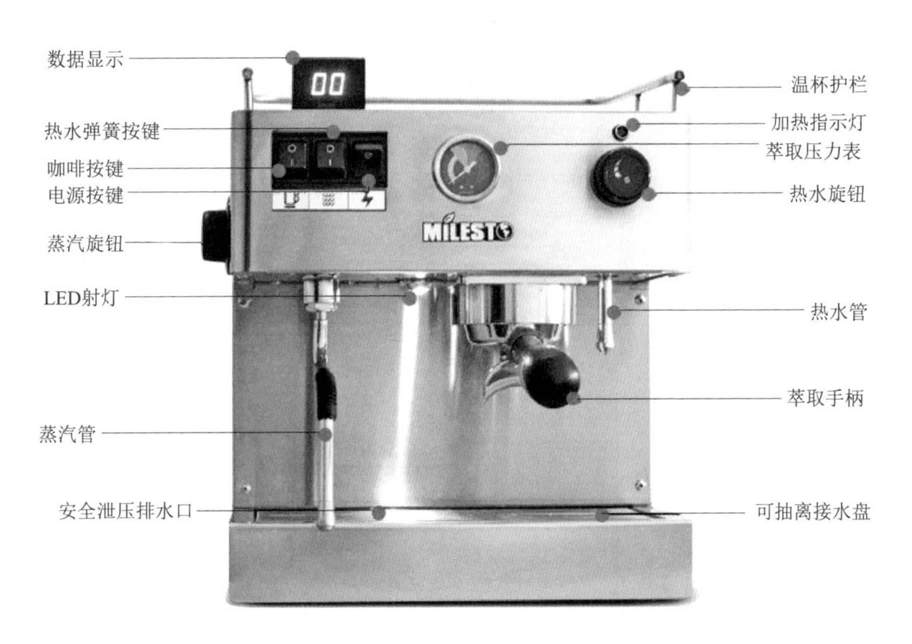
数据显示
热水弹簧按键
咖啡按键
电源按键
蒸汽旋钮
LED射灯
蒸汽管
安全泄压排水口
温杯护栏
加热指示灯
萃取压力表
热水旋钮
热水管
萃取手柄
可抽离接水盘
00
MILESTO

（二）意式家用半自动咖啡机举例

1	型　　号	CRM3005
2	规　　格	220～240 V　50 Hz　1 450 W
3	水箱容量	1.7 L
4	尺　　寸	29 cm×25.5 cm×32.5 cm
5	净　　重	6.8 kg
6	高压漏斗	不锈钢专业高压漏斗

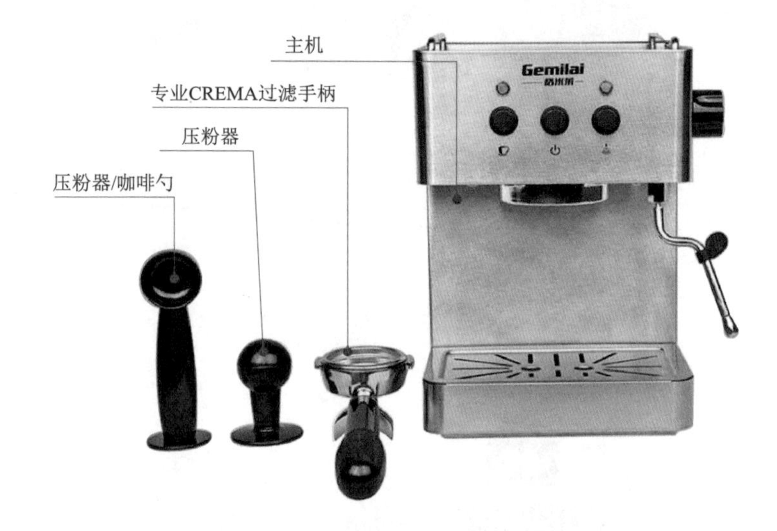

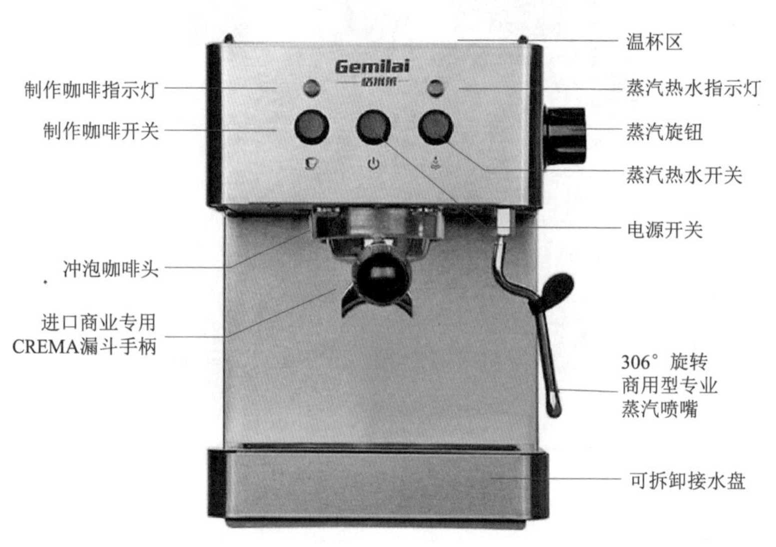

（三）意式商用半自动咖啡机举例

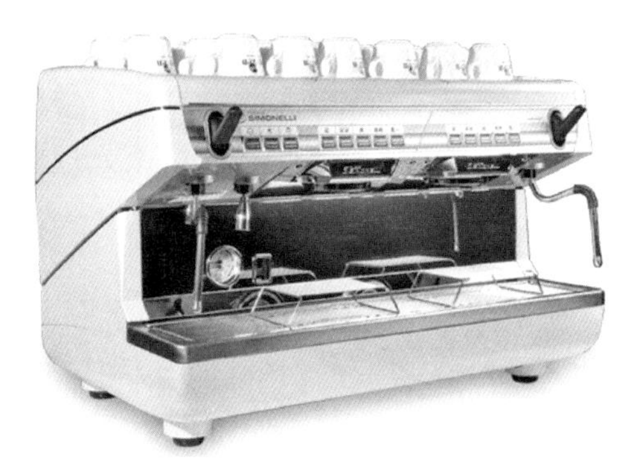

产品介绍

品牌：Nuova simonelli诺瓦
型号：APPIA2双头诺瓦半自动咖啡机
产地：意大利

净重：60 kg
尺寸：78 cm×54.5 cm×53 cm
锅炉容量：11 L
功率：3 000 W
电压：220 V
颜色：黑色/红色/白色
适用：商用

产品描述：

1. 新款商用专业半自动咖啡机
2. 专业的操作装置和滤网组件适合同一系列机器
3. 热水和蒸汽分别循环
4. 内置式流量计数水泵
5. 内置式电子锅炉水位测定器
6. 锅炉和水泵压力检测器
7. 机身由钢和技术聚合物混合组成
8. 喷漆边框，抗腐蚀
9. 不倒流系统防止水倒流回锅炉
10. 简单易用，能够制造出色的咖啡

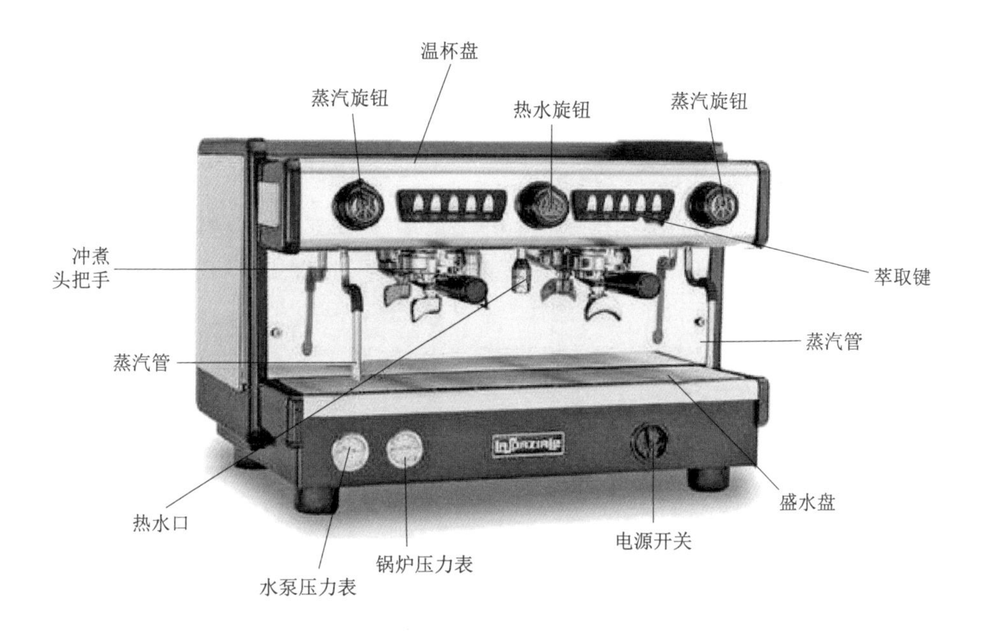

（四）意式全自动咖啡机举例

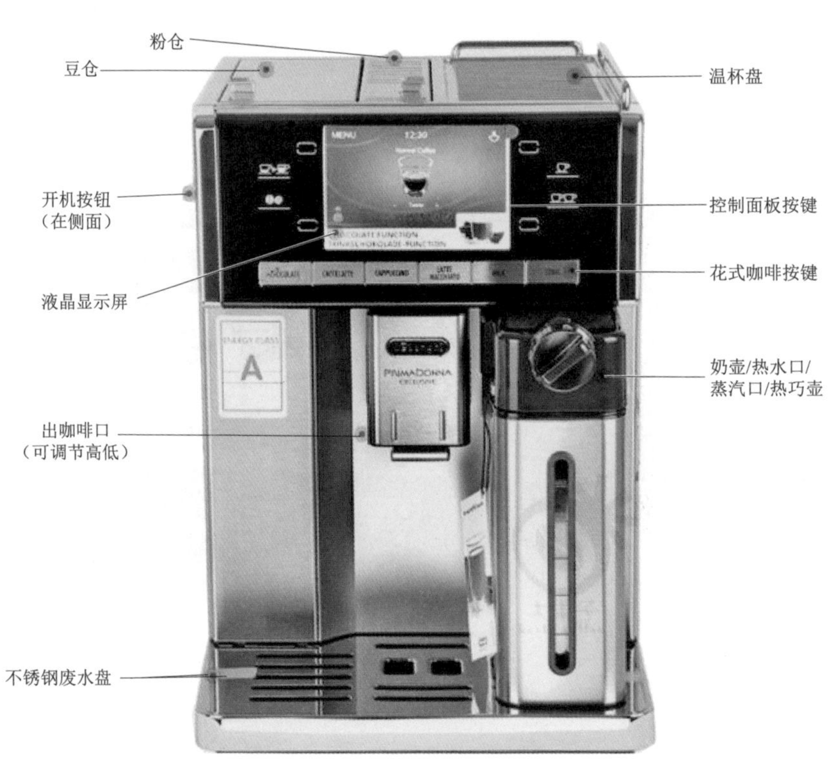

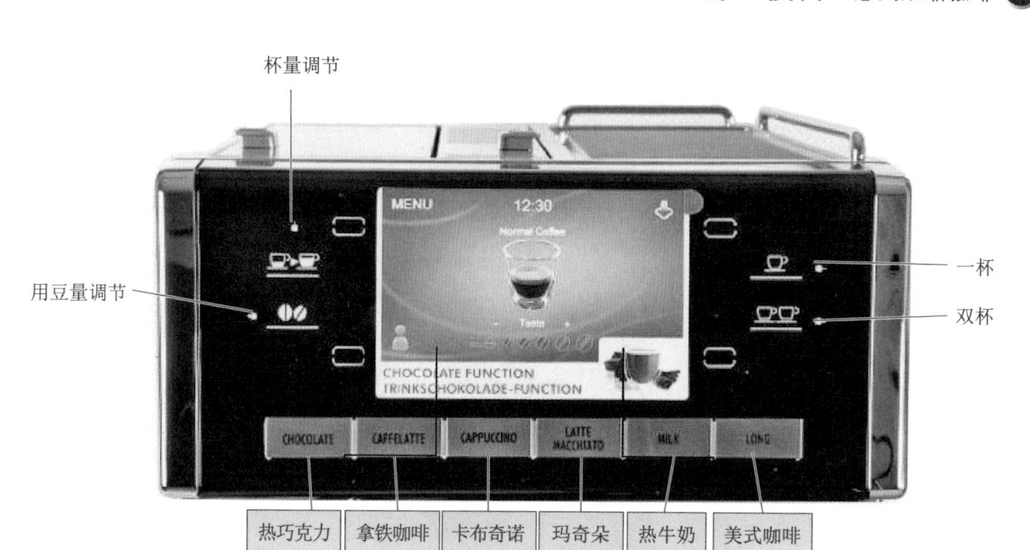

三、意式磨豆机的准备事项

顺序	程序	图　示	操作说明
第一步	装豆		将意式咖啡豆（深烘焙）倒入磨豆机豆仓，仅倒出当日所需的豆量。 把剩余的咖啡豆重新密封包装，放在干燥室温的环境下保存
第二步	调整刻度		调节磨豆机上的刻度盘

续表

顺序	程序	图　示	操作说明
第三步	打开开关		启动开关，充分打磨咖啡豆
第四步	检查粉质		检查打磨后的咖啡粉研磨程度。意式浓缩咖啡需要粉质有一定的粗砂度
第五步	确定研磨刻度		调整研磨来调整Espresso萃取，了解研磨的复杂性是咖啡师工作90%的内容

四、意式咖啡机的准备事项

顺序	程序	图　示	操作说明
第一步	启动咖啡机	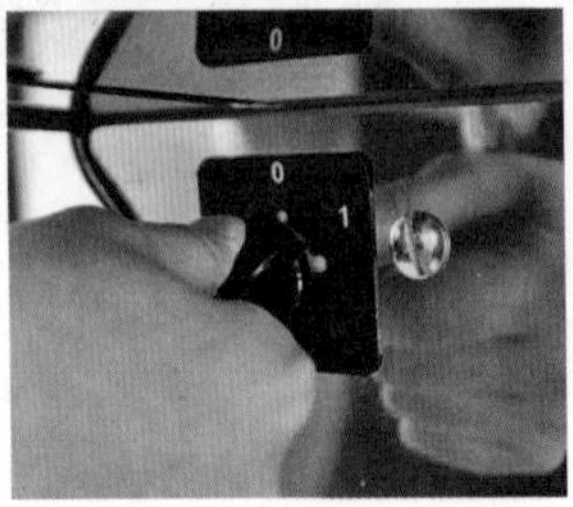	打开机器开关，让咖啡机开始工作。煮咖啡的温度应在88 ℃~92 ℃，过高的温度会把咖啡中的油脂破坏，沸腾的水会使咖啡变苦；温度过低，口感就会变涩。咖啡杯置于咖啡机热量放置区以便使用前达到温杯的效果

续表

顺序	程序	图　示	操作说明
第二步	检查压力表		检查压力表以确保压力达到要求。锅炉的气压是1~1.5 Pa，水泵的压力为8~9 Pa
第三步	检查水量		锅炉的水容量应为70%，通过咖啡机上的水视窗来监控，同时还有字符表示水量范围，这样有助于你做检查。如锅炉中的水量过高，蒸汽就低，水的温度也就低；如水量过低，蒸汽就高，水的温度也就高。这两种情况都会影响意式咖啡的质量。如锅炉中水量低或高了，都需要调整
第四步	检查水循环系统		让水流过每个机头来检查水流是否成单向螺旋状
第五步	加热滤网		上手柄并让水流大约30 s，以放掉过夜的水并加热过滤网

续表

顺序	程序	图　示	操作说明
第六步	更新锅炉水		打开热水管旋钮放 1 L 水，这样可使锅炉水显得新鲜。头天用化学剂清洗机器后，第二天提供咖啡服务前，要放掉 1 小杯水冲洗残留的化学物质（第一杯咖啡是不能用的，因为很可能残留有化学剂）
第七步	清洁蒸汽管		打开蒸汽管放 10 s 蒸汽

五、咖啡机的使用注意事项

（1）停水请勿使用咖啡机。

（2）操作咖啡机前，请注意锅炉压力指针必须在绿色区域（1～1.2 bar①）内；使用时蒸汽棒、热水出水口的管嘴及蒸煮出水口的温度非常高，请不要将手暴露于其附近以避免高温所造成的伤害。

（3）稳压发动机抽水时注意观察压力表上水压值是否在绿色区域（8～10 bar）。

（4）为防止过热危险，请保持电源平顺，通气入口、出口不可阻塞；温杯架上除杯盘外不可盖毛巾或类似的东西。

（5）杯子必须完全干燥之后才可放置在温杯架上温杯；温杯架上除杯盘外勿放置其他物品。

① 1 bar＝0.1 MPa。

(6) 如果长时间不使用咖啡机，请将电源关闭并将机器锅炉内的压力完全释放。

(7) 机器设备的任何配件均不可用铁丝、钢刷等类物品刷洗；必须使用湿抹布小心擦洗。

(8) 将适量的咖啡粉置入滤杯手把内并用压柄小心压实。注意：别让咖啡粉渣留在滤杯的边缘。如此在蒸煮过程中不仅不会有空气进入而降低压力，也能延长蒸煮头垫圈的寿命。

六、咖啡机的清洁保养程序

内　容	频率
冲洗龙头，用密封滤网回流清洗出水龙头。撬下把手滤网彻底清洗，清洁沥水板，擦净蒸汽管、温杯盘、外壳。将粉仓剩余的粉清理掉，用干净的软毛刷彻底刷干净	每日
用密封滤网加咖啡机专用清洁粉清洗出水龙头和上滤网。用温水加中性清洁剂清洗豆仓，并晾干	每周
检查滤水器和软水器的工作状况，如有必要，则更换滤水器滤芯和再生软水器	每月
用水样试纸测机器出水龙头的水硬度，数值约为 9	每年

技能训练

学生分成小组，各小组选一位组长，组长带领组员完成意式咖啡机、磨豆机的部件识别等工作。

认识意式咖啡机、磨豆机实操训练

序号	评价项目	评价标准	完成情况			
			好	中	差	改进方法
1	仪容仪表	(1) 头发干净、整齐，发型美观大方。女士淡妆，男士不留胡须及长鬓角，使用无味的化妆品； (2) 手及指甲干净，指甲修剪整齐，不涂有色指甲油； (3) 着装符合岗位要求，整齐干净，不佩戴过于醒目的饰物				
2	准备工作	准备器具和材料				

续表

序号	评价项目	评价标准	完成情况			
			好	中	差	改进方法
3	介绍	能对每一步骤进行清晰的讲解并说明要点				
4	识别意式咖啡机	启动咖啡机				
		检查压力表				
		检查水量				
		检查水循环系统				
		加热滤网				
		更新锅炉水				
		清洁蒸汽管				
5	识别磨豆机	装豆				
		调整刻度				
		打开开关				
		检查粉质				
		确定研磨刻度				
6	清洁	对器具进行清洗、归位，对操作区域进行清洁				
7	完成时间	分，　　秒				

综合评价：

技能评价

意式咖啡机技能测评表

<table>
<tr><td rowspan="3">各项指标
是否到位</td><td colspan="2">水温</td><td colspan="2">水量</td><td colspan="2">水压</td><td colspan="2">气压</td><td colspan="2">水流方向</td></tr>
<tr><td>是</td><td>否</td><td>是</td><td>否</td><td>是</td><td>否</td><td>是</td><td>否</td><td>是</td><td>否</td></tr>
<tr><td></td><td></td><td></td><td></td><td></td><td></td><td></td><td></td><td></td><td></td></tr>
<tr><td rowspan="3">清洁工作
是否妥当</td><td colspan="2">吧台表面</td><td colspan="2">场地四周</td><td colspan="2">机头</td><td colspan="2">蒸汽管</td><td colspan="2">咖啡杯具</td></tr>
<tr><td>是</td><td>否</td><td>是</td><td>否</td><td>是</td><td>否</td><td>是</td><td>否</td><td>是</td><td>否</td></tr>
<tr><td></td><td></td><td></td><td></td><td></td><td></td><td></td><td></td><td></td><td></td></tr>
<tr><td rowspan="2">意式咖啡机
是否检查妥当</td><td colspan="3">优秀</td><td colspan="3">良好</td><td colspan="2">合格</td><td colspan="2">不合格</td></tr>
<tr><td colspan="3"></td><td colspan="3"></td><td colspan="2"></td><td colspan="2"></td></tr>
<tr><td rowspan="2">是否按照职场
安全操作
步骤操作</td><td colspan="3">优秀</td><td colspan="3">良好</td><td colspan="2">合格</td><td colspan="2">不合格</td></tr>
<tr><td colspan="3"></td><td colspan="3"></td><td colspan="2"></td><td colspan="2"></td></tr>
</table>

意式磨豆机技能测评表

<table>
<tr><td rowspan="3">各项指标是否
到位</td><td colspan="2">磨豆机摆放位置</td><td colspan="2">豆槽</td><td colspan="2">刻度盘</td><td colspan="2">清洁布</td></tr>
<tr><td>是</td><td>否</td><td>是</td><td>否</td><td>是</td><td>否</td><td>是</td><td>否</td></tr>
<tr><td></td><td></td><td></td><td></td><td></td><td></td><td></td><td></td></tr>
<tr><td rowspan="3">清洁工作
是否妥当</td><td colspan="4">机器表面</td><td colspan="4">场地四周</td></tr>
<tr><td colspan="2">是</td><td colspan="2">否</td><td colspan="2">是</td><td colspan="2">否</td></tr>
<tr><td colspan="2"></td><td colspan="2"></td><td colspan="2"></td><td colspan="2"></td></tr>
<tr><td rowspan="2">是否能研磨出
需要的咖啡粉</td><td colspan="2">优秀</td><td colspan="2">良好</td><td colspan="2">合格</td><td colspan="2">不合格</td></tr>
<tr><td colspan="2"></td><td colspan="2"></td><td colspan="2"></td><td colspan="2"></td></tr>
<tr><td rowspan="2">是否按照职场
安全操作
步骤操作</td><td colspan="2">优秀</td><td colspan="2">良好</td><td colspan="2">合格</td><td colspan="2">不合格</td></tr>
<tr><td colspan="2"></td><td colspan="2"></td><td colspan="2"></td><td colspan="2"></td></tr>
</table>

拓展阅读

咖啡豆的研磨

一、咖啡豆的研磨

将烘焙后的咖啡豆研磨成粉的作业叫粉碎。研磨咖啡最理想的时间，是在要烹煮之前研磨。因为磨成粉的咖啡容易氧化散失香味，尤其在没有适当的储存之下，咖啡粉还容易变味，自然无法烹煮出香醇的咖啡。

研磨粗细适当的咖啡粉末，对做好一杯咖啡是十分重要的。因为咖啡粉中水溶性物质的萃取有它理想的时间，如果粉末很细，又长时间烹煮，造成过度萃取，则咖啡可能非常浓苦而失去芳香；反之，若是粉末很粗而且烹煮时间太短导致萃取不足，那么咖啡就会淡而无味，这是因为来不及把粉末中水溶性的物质溶解出来。

研磨豆子的时候，粉末的粗细要视烹煮的方式而定。一般而言，烹煮的时间越短，研磨的粉末就要越细；烹煮的时间越长，研磨的粉末就要越粗。以实际烹煮的方式，Espresso 机器制作咖啡所需的时间很短，因此磨粉最细（细得像面粉一般）。

二、咖啡豆的研磨度

咖啡豆的研磨度根据其大小可以分为粗、中、细研磨三种。

细研磨（Fine grind）：颗粒细，像砂糖一样大小。

中研磨（Medium grind）：颗粒像砂糖与粗白糖混合一样大小。

粗研磨（Regular grind）：颗粒粗，像粗白糖一样大小。

三、咖啡豆的研磨诀窍

咖啡豆的研磨道具是磨豆机。磨豆机从家庭用的手动式到业务用的电动式，种

类多，不胜枚举。家用磨豆机也可当装饰品，而人数多要一次研磨的话，还是电动式更便利。

以磨豆机的构造来分，有使用纵横沟刃边切咖啡豆边研磨的磨豆机与以臼齿将咖啡豆磨溃打碎而研磨的磨豆机。各有所长，而业务用的情况是以大量生产的电动式为主流。

研磨咖啡豆最应注意的是以下两点：

（1）摩擦热抑制到最小的限度。（因发热会使芳香成分飞散）

（2）粒的大小均一与否。（颗粒不齐，冲泡出的浓度会不均匀）

以此作考量，倘若是家庭用的磨豆机，手动式的话要轻轻地旋转，注意尽可能使其不产生摩擦热。因此，使用电动式磨豆机较为适当。

四、磨豆机的使用注意事项

（1）在冲泡前磨豆。

（2）磨豆机有手动式与电动式两种。人数少的话用手动式，而量多的话用电动式较为便利。

（3）以冲泡器具来决定研磨方法（颗粒的大小）。

（4）对于手动式磨豆机，要注意不要使其产生摩擦热，而且不要掺杂其他东西。

（5）研磨后的咖啡豆颗粒大小是否整齐需要检查一下。颗粒不齐的情况有可能是磨豆机的机能或咖啡烘焙不匀称等造成的。

任务二　制作意式浓缩咖啡

学习目标

知识目标： 能记住意式浓缩咖啡的制作方法。

能力目标： 会观察——能发现教师在制作咖啡过程中的技能要点；

会归纳——能整理总结制作意式浓缩咖啡的方法；

会操作——能正确使用意式咖啡机制作咖啡；

会合作——能互相协助完成各个环节的任务。

情感目标： 在各项参数指标同时达到的情况下，才能制作一杯大约 30 mL 的意式浓缩咖啡，体会对咖啡师高标准严要求的工作作风，并以此完善自己。

学习任务

制作意式浓缩咖啡

（一）材料准备

1. 意式浓缩咖啡机

2. 意式磨豆机

3. 意式咖啡豆

4. 咖啡渣桶

5. 意式浓缩咖啡杯

6. 清洁毛巾 5 块

（二）操作步骤

顺序	操作	图　　示	操作说明
第一步	检查气压表		检查气压表和水压表是否正常
	检查水压表		
第二步	取蒸煮把手		从机头取下手柄，除去用过的咖啡粉（没有制作咖啡的时候，手柄不应该是空的，因为产生的热量会使新鲜的咖啡粉烤焦）
第三步	磨粉		把手柄放置在咖啡粉的出口处，粉要落到把手的中间位置，制作每杯的 Espresso 的粉量误差应该在 0.5 g 以内，单份意式浓缩咖啡应取 9 g 左右
第四步	布粉		用食指指腹轻轻将咖啡粉整平，去除多余的咖啡粉

续表

顺序	操作	图　　示	操作说明
第五步	填压	 	把手柄固定在平整的桌面上，以垂直的方向放上填压器并用力按压咖啡粉。这样来回按压两次后，轻轻旋转填压器以平整咖啡粉表面
第六步	蒸煮头预浸		打开蒸煮头开关，空放1～2 s，以预热和清洁蒸煮头
第七步	上蒸煮把手		找到蒸煮头上的凹槽，对准蒸煮把手的卡槽，装上蒸煮把手后向左用力旋紧

续表

顺序	操作	图示	操作说明
第八步	萃取 Espresso		将手柄嵌紧在机头上，迅速按下萃取按钮，并在孔下放上专属的意式浓缩咖啡杯
第九步	萃取完成		注意不要在杯壁上留下咖啡渍
第十步	清洁		放大约 15 mL 水冲洗机头，以便排出机头里剩余的咖啡粉残渣，同时平衡水温，避免影响咖啡萃取
第十一步	倒粉		抖动地将咖啡渣倒入咖啡渣桶里面

（三）操作注意事项

1. 咖啡豆

制作意式浓缩咖啡应选用专用的意式咖啡机专用豆，且咖啡豆必须新鲜。就特浓意式咖啡来说，不新鲜的咖啡豆萃取出的咖啡，黏稠度、乳剂的厚度、颜色都会受到严重影响，味道更是大打折扣。

2. 咖啡粉

咖啡粉的粗细必须能使萃取过程保持在 25~30 s。咖啡豆一旦磨粉，风味最多保存不超过一个小时。为保证新鲜，咖啡粉要现磨。

3. 咖啡量

通常煮一小杯特浓意式咖啡需要 7 g 咖啡粉和 40~65 mL 水。如果要咖啡更浓一点儿，可以减少水的量。正确的萃取量应在 1~1. 25 oz① （25 s 冲出 1 oz 是最好的表现）。

4. 装粉和填压

填压咖啡粉需要做到平整、光滑，咖啡粉必须在过滤器中均匀分布。通常可先用 5 lb② 的压力压粉一次，再用 30 lb 的压力压一次，然后再用 20 lb 的压力旋转 720°使粉表面平整光滑。

5. 水

用于做特浓意式咖啡的水必须经过净化。有些城市须用微量元素来平衡水质。水在咖啡机中时间过长会变质。用小玻璃杯接一杯咖啡机中的水，冷却后尝试，如水变味，需用新鲜的水替换机器中的水。

6. 水温

水温必须稳定在 90 ℃±5 ℃，选特浓意式咖啡机必须注意水温及水温的稳定。如果水温太低，会造成萃取不足，咖啡内部的物质无法充分释放，如此只能煮出一杯风味不足、味道偏酸的特浓意式咖啡；一旦水温太高，过度的萃取则会使咖啡产生苦味与涩味。

7. 水压

水的压力为 9±2 个大气压力（bar）。一般的热水冲泡法，只能萃取咖啡内部可溶于水的物质，特浓意式咖啡可进一步由高压萃取非溶于水的物质。这些高压将使咖啡内部的脂质完全乳化，溶入水中，这是醇味的主要来源。乳化会使得特浓意式咖啡的口感较为黏稠；且黏稠会形成较低的表面张力，更能侵入味蕾，使香醇回荡于口腔之内，久久不散。一杯上好的特浓意式咖啡最重要的标志是它表面有一层浅驼色的乳剂，这是由咖啡中的脂肪、水和空气在萃取过程中混合而成的。乳剂应该

① 1 oz=28. 349 5 g。

② 1 lb=0. 453 6 kg。

颜色均匀，3~5 cm 厚。若轻摇咖啡杯，则这层乳剂会像稠糖浆一样黏在杯壁上。如果乳剂呈深棕色甚至是黑色，则表明咖啡萃取过了头；如果呈淡黄色，则表明咖啡还没有被充分萃取。

8. 萃取时间

萃取时间为（30±5）s。萃取特浓意式咖啡时，同时萃取两杯比单独萃取一杯的品质更加完美。制两个 1 oz 杯特浓意式咖啡的萃取时间应在 25~30 s。除时间之外，如特浓意式咖啡的颜色开始变淡，则应结束制作过程。目标应是在 25~30 s 内制出暗红色的特浓意式咖啡而不变色。

9. 过滤手柄及过滤器

过滤手柄必须保持与制特浓意式咖啡的水温相同的温度。因此手柄应放在机器的组头上预热。

10. 机器清理

如机器、过滤器、过滤手柄未能清洗干净，则做出的特浓意式咖啡会有腐油味。

11. 环境因素

一天内空气的湿度和温度都会有变化，因为咖啡粉容易吸湿，磨豆机的粗细度也需调节以使粉的粗细度在萃取时达到 25~30 s。

12. 温杯

为保持咖啡的热度和香味，特浓意式咖啡杯厚壁窄口。特浓意式咖啡杯应预热。

技能训练

学生分小组练习使用意式咖啡机，并制作意式浓缩咖啡，其他同学对制作的咖啡进行观察和评价。

意式浓缩咖啡实操训练

序号	评价项目	评价标准	完成情况			
1	仪容仪表	（1）头发干净、整齐，发型美观大方。女士淡妆，男士不留胡须及长鬓角，使用无味的化妆品； （2）手及指甲干净，指甲修剪整齐，不涂有色指甲油； （3）着装符合岗位要求，整齐干净，不佩戴过于醒目的饰物				
2	准备工作	准备器具和材料				
3	介绍	能对每一步骤进行清晰的讲解并说明要点				

续表

序号	评价项目	评价标准	完成情况			
4	操作步骤	咖啡机开机预热				
		研磨咖啡粉				
		填装咖啡粉				
		咖啡萃取				
		出品				
5	成品效果	咖啡表面浮着一层厚厚的呈棕红色的油脂				
6	成品口味	口感浓厚，具有浓郁的口味和香气				
7	服务	装杯入碟、配勺				
		对客服务符合服务规范				
8	清洁	清洁咖啡制作器具、吧台等				
9	完成时间	分，秒				
综合评价：						

拓展阅读

咖啡豆的分类

一、根据咖啡豆外形划分

咖啡的果实是由外皮、果肉、内果皮、银皮和被上述几层包在最里面的种子所构成的。种子位于果实中心部分，只因为形状像豆子，所以被称为咖啡豆。一般果实内有一双成对的种子，偶尔出现果实内只有一粒种子的，称为果豆。咖啡豆作为咖啡树的果实集中了丰富的营养成分，是咖啡树从大自然所获取营养的精华所在。

二、按照树种划分

咖啡豆的口味特点主要取决于咖啡树的种类。当今世界上种植最广泛的咖啡树主要有三个品种：阿拉比卡咖啡（Coffee Arabica）、罗伯斯特咖啡（Coffee Robusta）和立伯利卡咖啡（Coffee Liberica）。其中，阿拉比卡咖啡豆的产量约占世界总产量的70%，罗伯斯特咖啡豆约占25%，罗伯斯特咖啡豆的产量正在逐年

增加。

（一）阿拉比卡咖啡豆

阿拉比卡咖啡是从阿拉伯半岛传出的咖啡种子的后代，阿拉比卡咖啡豆在世界上享有盛名。现在人们常说的阿拉比卡咖啡并非主产于阿拉伯半岛，而主要指的是巴西咖啡（主要产于巴西）或综合类咖啡（来自除巴西以外的其他地区）。

阿拉比卡咖啡有很多分支品种，其中最著名的有第皮卡（Typica）、波旁咖啡（Bourbon）。

这种咖啡适合种植在海拔500~700 m的热带高原，并需要有更高的植物来为其遮阴，例如香蕉树或可可树。这种咖啡树自然生长通常可达5~6 m高，但是在人工种植时，当它长到3 m高的时候，人们就必须将树顶的枝叶剪下来，以免咖啡树长得过高，难以采摘咖啡豆。不同品种的阿拉比卡咖啡树有不同的特性，适合于不同的土壤条件。有些品种的咖啡树适合在多种土壤中种植，例如带有水果味道的“摩卡咖啡”，巴西的波旁咖啡。这两种咖啡树主要生长在中、南美洲，加勒比海沿岸，非洲东部，印度和巴布亚新几内亚。用于商业的咖啡

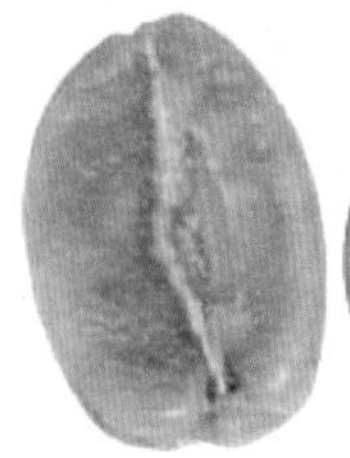

阿拉比卡咖啡豆

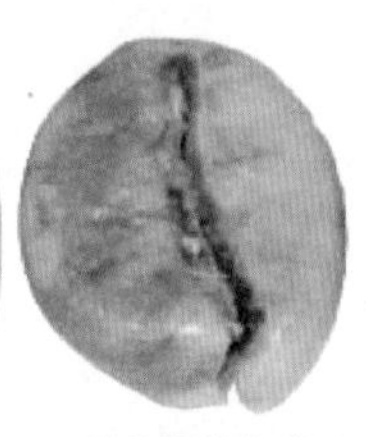

罗伯斯特咖啡豆

中有75%都是这两种咖啡。

（二）罗伯斯特咖啡豆

罗伯斯特咖啡豆也称卡尼福拉（Canephora）豆。可实际上，罗伯斯特咖啡只是卡尼福拉咖啡中的一个品种。由于它是一个主要的品种，人们就把“卡尼福拉咖啡”称为“罗伯斯特咖啡”了。这种咖啡树最早是在非洲的热带雨林中生长。现在它的主要种植地是非洲的中、西部，亚洲的斯里兰卡和菲律宾。

比较一下阿拉比卡咖啡豆和卡尼福拉咖啡豆的口味特点：前者清香，味道纯正，很少有不易被人接受的怪味道；后者则更苦更浓，常常带有一些不太容易让人接受的味道，例如泥土的味道，在烘焙的时候还会带有烧糊的胶皮味，等等。因此一般认为前者的品质更好一些，在国际市场中的价格也较高。

（三）立伯利卡咖啡豆

立伯利卡咖啡树是一种非常高大的咖啡树，树叶宽大而坚韧，果实和所产的咖啡豆体积都比较大。但是它的味道比较特殊，因此，它的需求和产量都比较低。今天，这种咖啡豆主要产于马来西亚和非洲西部。

其实除了这种大的植物分类（种类）外，咖啡每一个品种中还有更小的植物分类（品种）。但是由各个咖啡产地的土壤、气候、对咖啡树的维护和对咖啡豆的加工等因素的不同导致的咖啡口味上的差别，并不比由于咖啡品种的不同所带来的口味差别小。因此我们不单独区别咖啡的品种，而是结合咖啡产地的不同来了解各种咖啡的口味特点。每一种咖啡都有其独特的口味，适合不同人的需求和喜好。

鉴别点	阿拉比卡	罗伯斯特	立伯利卡
栽培高度	900~2 000 m 坡地	200~600 m 坡地	200 m 以下坡地
适应气候	热带气候中稳定的温度、湿度	耐高温，适应多雨、旱热的气候	耐高温、低温、适应多雨、旱热的气候
味觉特色	宜人的香气、丰富	香气较弱并带有苦味	气味平淡，苦味较强
用途	单品咖啡、高品质	综合咖啡、三合一咖啡、即溶咖啡、罐装咖啡	当地居民的饮品，极少对外输出
咖啡豆外形	长椭圆形，扁平状	短椭圆形	略偏菱形的椭圆形
树种特色	环境适应力较差，需要较多人工照顾，价格高	环境适应力强，生产成本低，价格低	抗病性强，适应力强
分布地区	中南美洲，东非，东南亚，夏威夷等地区	非洲的中西部，印度尼西亚，菲律宾	西非与南美洲，印度尼西亚，菲律宾

任务三　奶泡制作

学习目标

知识目标：能记住奶泡的制作方法。

能力目标：会观察——能发现教师在制作奶泡过程中的技能要点；

会归纳——能整理总结奶泡制作的方法；

会操作——能正确使用不同工具制作奶泡；

会合作——能互相协助完成各个环节的任务。

情感目标：体会牛奶不同形态带给咖啡饮品的心意，通过不同方式的奶泡添加提升自己咖啡饮品制作的想象和创作空间。

学习任务

一、用意式咖啡机制作奶泡

（一）材料准备

1. 意式半自动咖啡机

2. 奶缸

3. 温度计

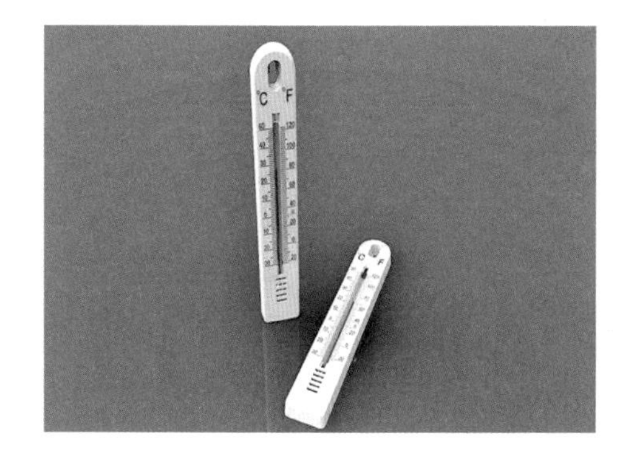

4. 全脂牛奶

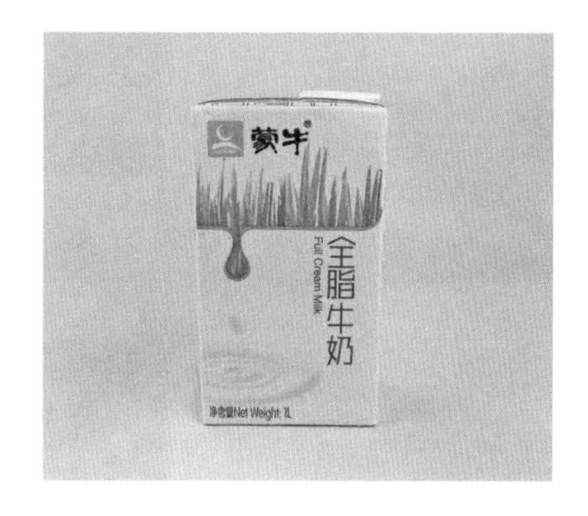

5. 清洁毛巾

（二）操作步骤

顺序	操作步骤	图　示	操作说明
第一步	将牛奶倒入奶缸		使用全脂牛奶，全脂牛奶脂肪含量在 3.2% ~ 3.6%
第二步	清洁蒸汽管		打开蒸汽管开关，排出管内凝聚的水珠，清洁管内，然后用干净布擦净管外
第三步	打发奶泡	 	让蒸汽喷嘴与牛奶表面形成 45°，将蒸汽管插入鲜奶中约 0.5 cm，打开蒸汽阀开始加热。先听到吱吱打发声，牛奶液面上升后声音变闷，温度到 55 ℃ ~ 65 ℃时关蒸汽阀（可以通过不锈钢的奶缸感觉牛奶的温度，会有烫手的感觉）

续表

顺序	操作步骤	图　　示	操作说明
第四步	清洁气管	 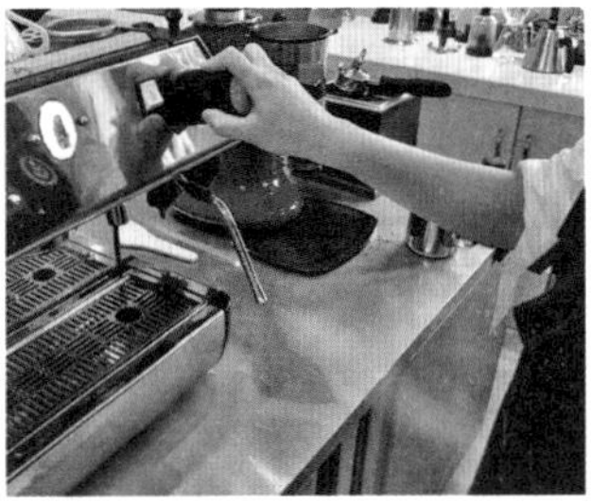	再次打开蒸汽开关，排出管内残留物，用干净布擦净蒸汽管外表
第五步	检查奶泡质量		优质奶泡表面光滑无大小不均的泡泡，左右旋转时奶泡黏附在拉花钢杯壁上。如果有大的气泡，上下抖动震破大的奶泡并用勺刮出
第六步	使用前旋转		注入咖啡杯前旋转牛奶二三十秒使牛奶与奶沫充分融合

二、用双层打奶泡杯制作奶泡

（一）材料准备

1. 奶泡壶

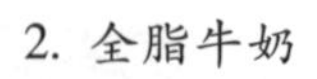
2. 全脂牛奶

3. 毛巾

4. 温度计

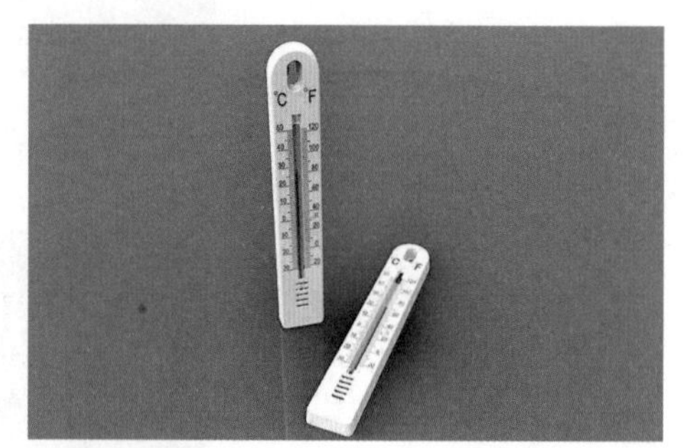

5. 奶缸

（二）操作步骤

顺序	操作	图　　示	操作说明
第一步	倒牛奶		准备好牛奶，将牛奶加热到 60 ℃。可以直接将牛奶置于奶泡器中，在煤气灶或电磁灶上加工，也可以先置于瓷杯或玻璃杯中，在微波炉上加热。如果用微波炉加热，则因为要倒入奶泡器，会被奶泡器吸收一定温度，所以加热温度要稍高一些，但注意不要高于 75 ℃
第二步	打发牛奶		在奶泡器下方垫一块毛巾，用左手按住盖子，右手握住圆球。 上下快速抽动 50 ~ 100 下，开始时范围要小，速度要快，等手感较重时即可停止抽动，然后把整个奶泡器墩几下，这样奶泡中的牛奶就会被甩到杯底，垫的毛巾可以起到缓冲的作用

续表

顺序	操作	图　　示	操作说明
第三步	打发完成		最后拿开滤网，用咖啡勺刮去上层的少许气泡，这样就得到完美的奶泡了

（三）操作注意事项

（1）选用全脂牛奶，只有全脂牛奶才能打出完美的奶沫。

（2）牛奶一定不能是打过奶沫的牛奶，打过的可以晾凉后再掺新牛奶一起用。

（3）牛奶倒入奶缸一半位置即可，不可太多，也不可太少，太多会溢出来，太少也不行。

三、用手持电动打泡器制作奶泡

（一）材料准备

1. 全脂牛奶

2. 电动打泡器

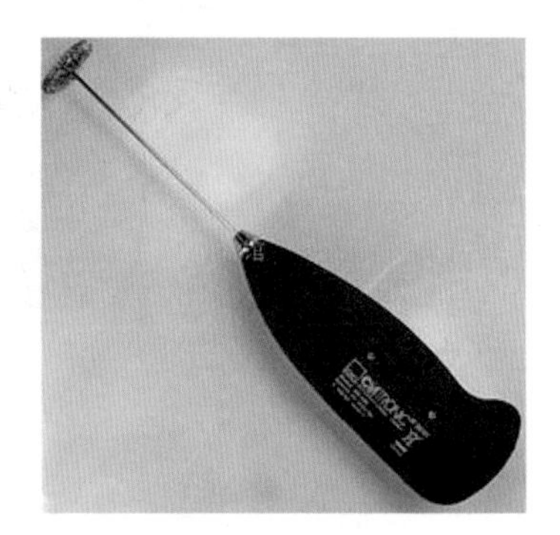

3. 毛巾

（二）操作步骤

顺序	操作	图　示	操作说明
第一步	加热		将牛奶加热到 60 ℃ ~ 70 ℃
第二步	搅拌		将搅拌头伸入牛奶中不断搅拌即可
第三步	后续		搅拌完成后墩几下，消除一些粗泡即可

（三）操作注意事项

（1）切记牛奶温度不可过高或者过低。

（2）搅拌完成后一定要墩几下。

技能训练

意式咖啡机打发奶泡实操训练

步骤	操作要点	完成情况			
		好	中	差	改进方法
1	牛奶的准备				
2	倒入拉花缸的分量				
3	释放蒸汽				
4	打发奶泡				
5	清洁蒸汽管				
6	奶泡勺的使用				
7	牛奶是否摇匀				
8	奶泡的质量				
9	完成时间				
10	选用合适的方法及时清洁工作台及用具				
综合评价：					

拓展阅读

牛奶发泡的基本原理

牛奶发泡的基本原理，就是利用蒸汽去冲打牛奶，将空气打入液态牛奶，利用乳蛋白的表面张力作用，形成许多细小泡沫，让液态牛奶体积膨胀，成为泡沫状的牛奶泡。在发泡的过程中，乳糖因为温度升高而溶解于牛奶，并利用发泡的作用将乳糖封在牛奶之中，而乳脂的功用就是让这些细小泡沫形成安定的状态，使这些细小泡沫在饮用时在口中破裂，让味道跟芳香物质有较好的散发放大作用，让牛奶产生香甜浓稠的味道和口感；而且在与咖啡融合时，分子之间的黏结力会比较强，使

咖啡与牛奶充分结合，让咖啡和牛奶的特性能够各自凸显出来，而且又完全融合在一起，达到相辅相成的状态。

我们在制作良好的牛奶泡组织时，有许多不同的方式，不过都包含了两个阶段：

第一个阶段：打发。打发就是打入蒸汽使牛奶的体积膨胀而产生泡沫。

第二个阶段：打绵。打绵就是将发泡后的牛奶，利用旋涡的方式卷入空气，并使较大的奶泡破裂，分解成细小的泡沫，让牛奶分子之间产生黏结的作用，使奶泡组织变得更加绵密。

在市面上的牛奶发泡方式有很多种，不过大致上分为两种：一种为边打发边打绵，即把打发牛奶和打绵牛奶泡的阶段结合在一起；另一种为打发、打绵的阶段分开，也即把先打发牛奶，再打绵牛奶泡。

这两种方式形成的牛奶泡组织和口感有所不同。以第一种方式制作出来的牛奶泡组织会较细致柔软，但是牛奶泡的绵稠度会稀一点，较不易产生有绵密弹性的牛奶泡组织，但是拉花的图形比较容易形成；以第二种方式制作出来的牛奶泡组织绵稠度较高，有弹性，但要制作拉花的图案则难度会较高；不过冲煮出的咖啡拉花口感会较绵密。

奶泡是一杯意式咖啡成功与否的先决条件，只有奶泡打好了才能做出一杯合格的意式咖啡，打好奶泡前应该注意以下几点：

1. 牛奶温度

牛奶温度在打发牛奶时是很重要的因素，牛奶的保存温度每上升 2 ℃会减少一半的保存期限，而且温度越高，乳脂分解越多，发泡程度就越低。在相同保存温度下，储存的时间越久，乳脂分解越多，发泡的程度就越低。当牛奶发泡时，起始的温度越低，蛋白质变性越完整均匀，发泡程度也越高；另外要注意的是，最佳的牛奶保存温度在 4 ℃左右。

2. 牛奶乳脂

一般来说，乳脂的成分越高，奶泡的组织会越绵密，但奶泡的比例会变小。所以，如果全部使用高乳脂的全脂牛乳，则打出来的奶泡组织并不一定是最佳的状态，适当地加入一些发泡过的冰牛奶后，打出来的奶泡组织和奶泡量才会有多且绵密的口感。

乳脂对发泡的影响可归纳为：

（1）无脂肪含量：无脂牛乳<0. 5%；奶泡特性：奶泡比例最大、质感粗糙、口感轻、起泡小。

（2）大脂肪含量：低脂牛乳在 0. 5%～1. 5%；奶泡特性：奶泡比例中等、质感滑顺、口感较重、起泡较大。

(3) 中脂肪含量：全脂牛乳>3%；奶泡特性：奶泡比例较小、质感稠密、口感厚重、起泡大。

3. 蒸汽管形式

蒸汽管的出汽方式主要分为：外扩张式和集中式两种。不同出汽方式的蒸汽管，产生的出汽强度跟出汽量会有所不同，再加上出汽孔的位置和孔数的变化，会造成在打牛奶时角度和方式的差异。对于外扩张式的蒸汽管，在打发牛奶时不可以太靠近钢杯边缘，否则容易产生乱流现象；对于集中式的蒸汽管，要注意在角度上的控制，否则打不出良好的牛奶泡组织。

4. 蒸汽量大小

蒸汽量越大，打发牛奶的速度就越快，但相对来说比较容易有较粗的奶泡产生。蒸汽量大的方式较适合用于较大的钢杯，太小的钢杯则容易产生乱流的现象。对于蒸汽量较小的蒸汽管，牛奶发泡效果较差，但其好处是不容易产生粗大气泡，打发、打绵的时间较久，整体的掌控会比较容易。

5. 蒸汽干燥度

蒸汽的干燥度越高，含水量就会越少，打出来的牛奶泡就会比较绵密、含水量较少，所以蒸汽的干燥度越干燥越好。

6. 拉花钢杯大小形状

钢杯的大小跟要冲煮的咖啡饮品种类有关，越大的杯量需要越大的钢杯。一般来说，冲煮卡布其诺时，需要使用具有 600 cc① 容量的钢杯；冲煮拿铁咖啡时，需要使用 1 000 cc 容量的钢杯。使用的钢杯容量大小正确才能打出组织良好的牛奶泡。

① 1 cc=1 mL。

第二模块
咖啡拉花

【引言】

在欧洲，Latte 是牛奶的意思，把牛奶倒入咖啡形成艺术般的图案就是 Latte Art，Latte Art 具有更广泛的意义，只要是在冲煮完的咖啡表面制作艺术化的图案线条就算是 Latte Art。它不一定局限于拿铁咖啡（Caffe Latte），使用各种技巧与方式在咖啡表面形成艺术般图案的咖啡饮品，都可以称为 Latte Art 作品，所以 Latte Art 这个名词所代表的意义就是咖啡拉花的艺术。

【模块描述】

将牛奶打入咖啡中，并不是对苦味的亵渎，而是注入了纯粹的奶香。拉花是在流动的黑与白之间、甜与苦之间游走，把拉花杯作为画笔，把咖啡油脂作为画纸，勾勒出一幅幅美丽的图案。本模块主要介绍筛网成型法、手绘图形法、直接倒入成型法三种常见的拉花手法。

任务一　筛网成型法

学习目标

知识目标： 能够记住筛网成型法的咖啡拉花方法，能独立为客人提供服务。

能力目标： 会观察——能发现教师在使用筛网成型法做咖啡拉花过程中的技能要点；

会归纳——能整理总结筛网成型法的咖啡拉花方法；

会操作——能全面掌握稠密奶泡的制作方法；

会合作——能互相协助完成各个环节的任务。

情感目标： 培养专业意识，提升内在修养，创新咖啡图案。

学习任务

一、材料准备

1. 意式浓缩咖啡机

2. 意式磨豆机

3. 意式咖啡豆

4. 填压器

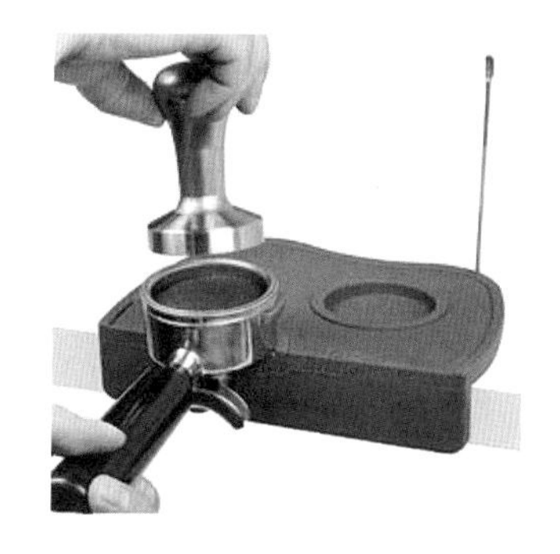

5. 咖啡渣桶

6. 奶缸/专用奶泡壶

7. 咖啡筛网磨具

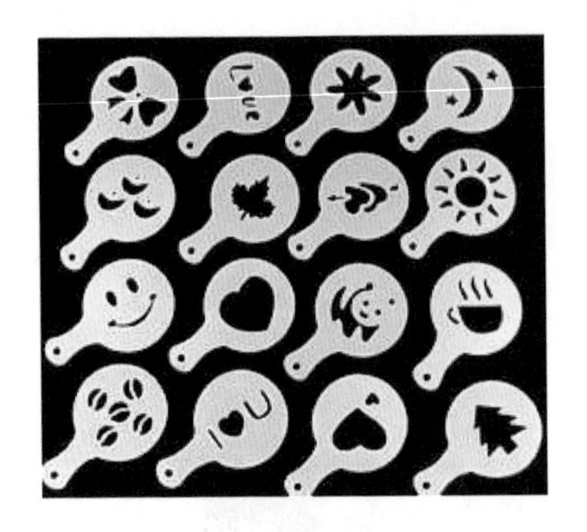

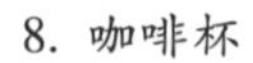
8. 咖啡杯

9. 全脂牛奶（或可可粉、肉桂粉、白糖粉）

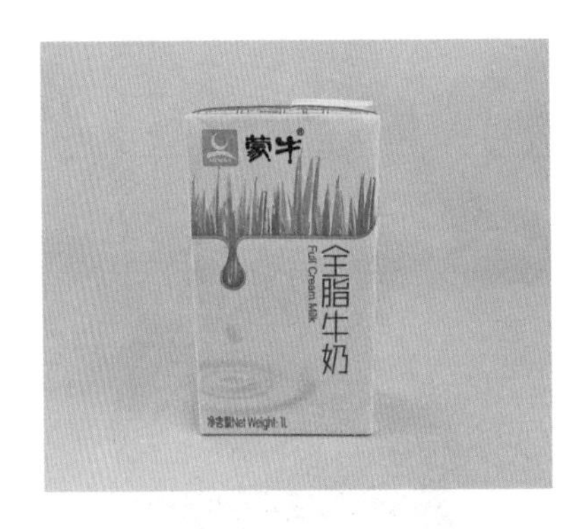

10. 清洁毛巾

二、操作步骤

（一）白底图案

顺序	操作	图　示	操作说明
第一步	准备奶泡		将打好的奶泡静置 30 秒左右，让牛奶与奶泡在一定程度上分离

续表

顺序	操作	图　　示	操作说明
第二步	融合	 	用汤勺挡住部分奶泡，让牛奶与意式咖啡先融合，再使用奶泡覆盖在咖啡表层
第三步	筛形		利用带有各种图形或字样的筛网，放置距离咖啡表面 1 厘米处，撒上可可粉或肉桂粉，使咖啡表面呈现出各种图形或字样

（二）暗底图案

顺序	操作	图　　示	操作说明
第一步	融合		奶泡打好后直接与意式咖啡融合，并使其在咖啡表面不产生白色的奶泡

续表

顺序	操作	图　示	操作说明
第二步	筛网成形		将带有图形或文字的筛网放置在距离咖啡表面 1 厘米处，撒上白糖粉，使咖啡表面呈现出各种图形或文字

三、操作注意事项

(1) 筛网不可湿水，否则图案不成形。

(2) 奶泡与意式咖啡要产生气泡后才可进行筛网操作。

技能训练

学生根据自己创意的图案完成一杯花式咖啡，并按下表评定。

技能评价

品饮评价表

评价项目	评价内容	评价标准	个人评价	小组评价	教师评价
看	咖啡产品	咖啡整体形象： A. 优　B. 良　C. 一般			
		表层图案和造型： A. 优　B. 良　C. 一般			
闻	咖啡	A. 香气浓郁　B. 香气清淡			
品饮	奶泡	顺滑度：A. 强　B. 弱			
		其他风味：A. 强　B. 中　C. 弱			
	咖啡	苦：A. 强　B. 中　C. 弱			
		香：A. 强　B. 中　C. 弱			
		酸：A. 强　B. 中　C. 弱			
		甘：A. 强　B. 中　C. 弱			

续表

评价项目	评价内容	评价标准	个人评价	小组评价	教师评价
	奶、可可粉/肉桂粉	奶香：A. 强 B. 中 C. 弱			
		可可粉/肉桂粉风味： A. 强 B. 中 C. 弱			
		其他风味：A. 强 B. 中 C. 弱			
品饮礼仪	举止	A. 优 B. 良 C. 一般			
咖啡鉴赏汇总			建议		

技能评价表

操作安全		手法卫生		筛网撒粉效果		创新图案	
是	否	是	否	是	否	是	否

按顺序完成操作流程	是		否	
仪容仪表是否符合咖啡师职业要求	是		否	
能否向宾客介绍咖啡饮品	是		否	
咖啡饮品配套用具是否完整	是		否	
端送咖啡饮品是否使用相应礼节知识	是		否	
操作过程是否安全卫生	是		否	
能否及时清洁使用过的工作台和用具	是		否	

综合评价：

拓展阅读

咖啡豆的包装和保存

一、咖啡豆的包装

为了方便消费者，咖啡厂商在实践中形成一套约定俗成的包装识别：红色包装的咖啡，味道一般比较厚重，可以让饮用者迅速从昨夜的好梦里清醒过来；黑色包装的咖啡，属于高品质的小果咖啡；金色象征富贵，表明是咖啡中的极品；假如有人到了夜晚还忍不住大喝咖啡，那么请选用蓝色包装，里面肯定是不含咖啡因的咖啡。此外，包装颜色花哨的咖啡，往往口味独特，喜欢猎奇的人可以试一试。

1. 柔软的非气密性包装

这是较经济的一种，通常由地方小焙制厂采用，因为他们能保证迅速供货。咖啡豆可及时地被消耗完，这种包装方式下的咖啡豆只能短时间保存。

2. 气密性包装

适合于酒店、家庭用的间接供货。小袋和听装都行，装完咖啡后，抽真空并密封起来，由于焙制过程中形成二氧化碳，这种包装只有在咖啡放置一段时间使其脱气后才能包装，因此有几天的储存问题。咖啡豆放置时间比咖啡粉更长些，由于储存期间不需要与空气隔开，因此成本低，此包装的咖啡应在10周内用完。

3. 单向阀包装

小袋和听装均可使用。焙制后，咖啡放进特制的带单向阀的真空容器中，这个阀允许气体出去，但不能进来，不需要单独贮存阶段，但由于有放气过程，香气会有点损失，它虽避免了腐蚀味的形成，但阻止不了香气的损失。

4. 加压包装

这是最昂贵的方式，能保存咖啡达两年之久。在焙制几分钟后，咖啡就能被真空包装加入一些惰性气体。

二、咖啡豆的储存

1. 影响咖啡豆品质的因素

水是存储咖啡的大敌。咖啡油是水溶性的，它使咖啡更具风味，而潮湿的环境会腐坏咖啡油。

咖啡豆的另一个敌人是氧气，它可以氧化易挥发的气味。这就是要在冲调咖啡之前才研磨咖啡豆的道理。当咖啡豆被研磨后，它的大部分表面就暴露在空气中。这意味着咖啡油开始蒸发，味道也将逐渐消失在稀薄的空气中。

不要把咖啡靠近其他具有强烈气味的物品（如茶）。因为咖啡会很快吸收其他气味，所以请把咖啡放在干净的密封容器中。

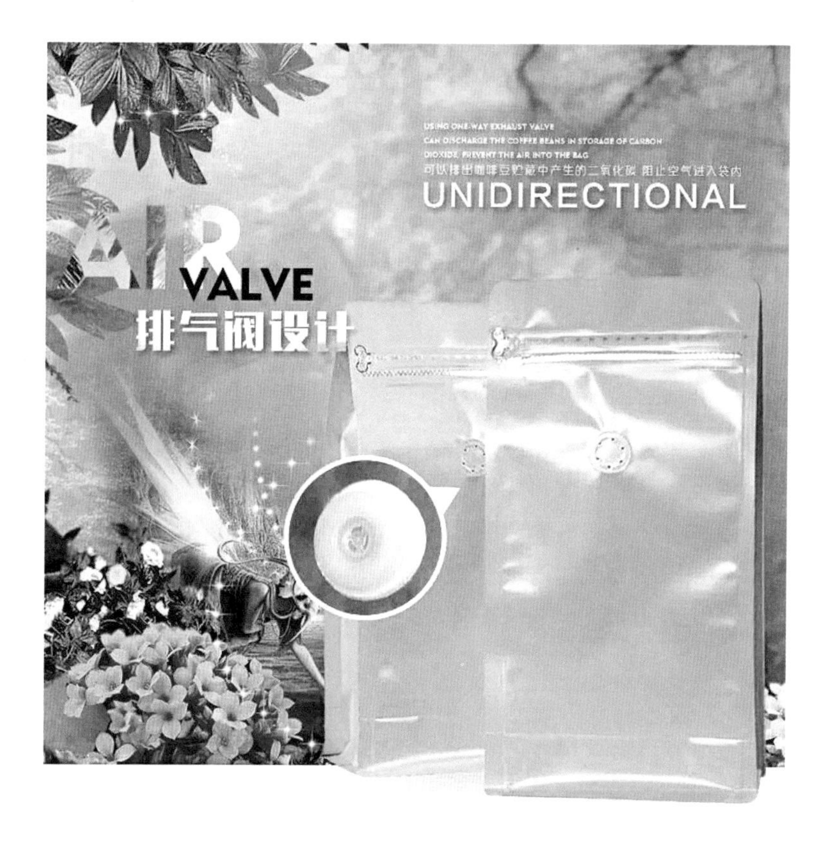

2. 咖啡豆的储存方法

尚未烘焙或炒过的豆子越沉越好，咖啡豆一旦被烘焙，就会慢慢失去香味，两星期后香味就荡然无存。因此一次买少量即可，或买少量已经研磨好的咖啡。若邮购咖啡豆专卖店的咖啡，最好买未磨的豆子。新鲜的咖啡对储存环境是极端敏锐的，近年来专家们大力推荐采用铝箔的包装材质（不透光）搭配单向排气阀，为国内外大厂们所称许及认同，阻隔了氧气的侵入且能够排出二氧化碳，大幅延长了品尝新鲜咖啡的蜜月期。

（1）适合存储咖啡的地方。

咖啡应该储存在干燥、阴凉的地方，一定不要放在冰箱里，以免吸收湿气。咖啡豆和研磨咖啡可以冰冻，唯一需要注意的是，从冷冻柜中拿出咖啡时，需要避免冰冻的部分化开而使袋中咖啡受潮。美国人认为咖啡放在冰箱里比较好，不过时间不会超过一个月。他们从冷冻室取出要喝的咖啡豆分量，趁尚未解冻便开始研磨，煮来饮用。

（2）有助咖啡存储的包装。

锡罐可使咖啡香味保留时间较长。塑胶袋也可以，但存放的量比锡罐少。而在国外咖啡豆有时就是放在锡罐或塑胶袋中出售。真空包装更加有利于咖啡的存放，使原有风味更持久。

一旦打开防油或锡箔包装的咖啡袋子，要立刻将咖啡豆或咖啡粉放在密封罐里；咖啡粉就不会很快发霉，但和咖啡豆一样会吸收空气中的味道。

(3) 速溶咖啡的存储。

速溶咖啡袋是最近加工食品厂就烘焙和研磨咖啡发展出来的产品，其铝箔材质最大限度地帮助咖啡保存原有的香味。

3. 保持咖啡新鲜的小窍门

新鲜咖啡豆开袋后，要在一周内用完，永远不要超过 10~14 天。咖啡的生命周期从焙制之日起或开启封装之日起为一周。一旦开袋，咖啡要尽量避光、防潮、避免高温、避空气。不要把咖啡同气味较浓的东西（如肥皂）放置在一起。咖啡是一种极易吸味的食品。不要将新豆与老豆掺和。制作一杯好咖啡需要大约 50 粒豆子，但要毁掉这杯咖啡，一粒豆子足矣！研磨咖啡粉，一次不要超过 1 小时的用量。浓缩咖啡粉要在 1 小时内用完。如果使用的是自动磨粉机，在生意清淡的时段内将定时器关掉。

任务二　手绘图形法

学习目标

知识目标：能够记住手绘图形的方法，会自己根据需要创新图样。

能力目标：会观察——能发现教师在使用手绘图形过程中的技能要点；

会归纳——能整理总结手绘图形法的基本原则；

会操作——能灵活使用手绘图形法；

会合作——能互相协助完成各个环节的任务。

情感目标：培养研发咖啡样式的专业意识，提升内在的修养，开创属于自己的咖啡饮品。

学习任务

一、材料准备

1. 意式浓缩咖啡机

2. 意式磨豆机

3. 意式咖啡豆

4. 填压器

5. 咖啡渣桶

6. 专用奶泡壶

7. 咖啡拉花针

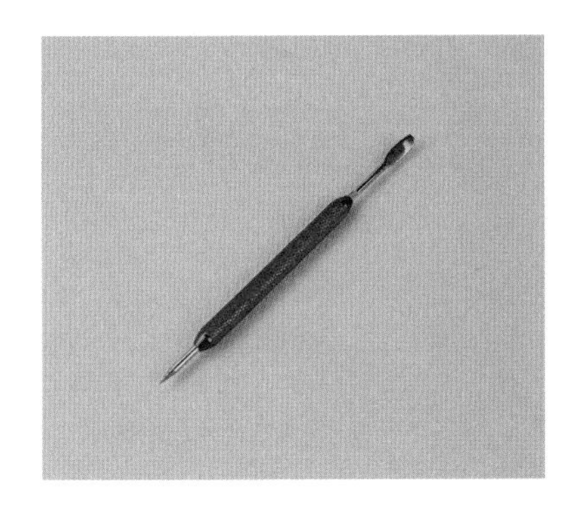

8. 巧克力酱

9. 挤酱瓶

10. 全脂牛奶

11. 咖啡杯

12. 清洁毛巾

二、操作步骤

（一）太阳花

顺序	操作	图　　示	操作说明
第一步	准备咖啡和巧克力酱		准备一杯 Espresso 打底有奶泡的咖啡，用专门的酱瓶装好巧克力酱
第二步	制作图案	  	（1）在白色奶泡上沿着杯型画上两个圆圈。 （2）用咖啡拉花针尖头从外圈向内圈画线，把圆圈分成四份（每用一次拉花针勾花都要擦拭一下针尖处以让图案看起来线条清晰）。 （3）再用咖啡拉花针尖头从内圈向外圈画线，把四等份的圆圈变成八等份

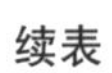

续表

顺序	操作	图　　示	操作说明
第三步	完成		

（二）斑纹

顺序	操作	图　　示	操作说明
第一步	准备咖啡、巧克力酱		（1）准备一杯 Espresso 打底有奶泡的咖啡。 （2）准备巧克力酱：用专门的酱瓶装好巧克力酱
第二步	制作图案		（1）在白色的奶泡上滴上巧克力酱点，形成螺旋圈形状。

续表

顺序	操作	图　示	操作说明
			（2）用咖啡拉花针尖头从圆心向外画螺旋线连接巧克力酱点，形成图案
第三步	完成		

技能训练

学生制作创新图案。

（1）准备一杯 Espresso 打底有奶泡的咖啡（可以让奶泡在咖啡的表层，也可以让奶泡加入的时候完全在咖啡里，表层是咖啡的颜色，也可以让表层同时存在奶泡和咖啡的颜色）。

（2）准备巧克力酱。

（3）制作图案。

① 在纸上设计出咖啡饮品的图案，并拟订巧克力酱行走的轨迹。

② 根据挤酱瓶和拉花针的使用方法实施自己的创作。

③ 介绍创作的咖啡饮品，包括名字、创作的来源等。

技能评价

品饮评价表

评价项目	评价内容	评价标准	个人评价	小组评价	教师评价
看	咖啡产品	咖啡整体形象： A. 优　B. 良　C. 一般			
		表层图案或造型： A. 优　B. 良　C. 一般			
闻	咖啡	A. 香气浓郁　B. 香气清淡			
品饮	奶泡	顺滑度：A. 强　B. 弱			
		其他风味：A. 强　B. 中　C. 弱			
	咖啡	苦：A. 强　B. 中　C. 弱			
		香：A. 强　B. 中　C. 弱			
		酸：A. 强　B. 中　C. 弱			
		甘：A. 强　B. 中　C. 弱			
	奶、巧克力	奶香：A. 强　B. 中　C. 弱			
		巧克力风味： A. 强　B. 中　C. 弱			
		其他风味：A. 强　B. 中　C. 弱			
品饮礼仪	举止	A. 优　B. 良　C. 一般			
咖啡鉴赏汇总			建议		

技能评价表

<table>
<tr><td colspan="2">意式浓缩咖啡</td><td colspan="2">使用挤酱瓶</td><td colspan="2">使用拉花针</td><td colspan="2">创新图案</td></tr>
<tr><td>是</td><td>否</td><td>是</td><td>否</td><td>是</td><td>否</td><td>是</td><td>否</td></tr>
<tr><td></td><td></td><td></td><td></td><td></td><td></td><td></td><td></td></tr>
<tr><td colspan="4">仪容仪表是否符合咖啡师职业要求</td><td>是</td><td></td><td>否</td><td></td></tr>
<tr><td colspan="4">能否向宾客介绍咖啡饮品</td><td>是</td><td></td><td>否</td><td></td></tr>
<tr><td colspan="4">咖啡饮品配套用具是否完整</td><td>是</td><td></td><td>否</td><td></td></tr>
<tr><td colspan="4">端送咖啡饮品是否使用相应礼节知识</td><td>是</td><td></td><td>否</td><td></td></tr>
<tr><td colspan="4">操作过程是否安全卫生</td><td>是</td><td></td><td>否</td><td></td></tr>
<tr><td colspan="4">能否及时清洁使用过的工作台和用具</td><td>是</td><td></td><td>否</td><td></td></tr>
<tr><td colspan="8">综合评价：</td></tr>
</table>

拓展阅读

咖啡豆的辨别

无论是哪一种咖啡豆，其新鲜度都是影响品质的重要因素。选购时，抓一两颗咖啡豆在嘴中嚼一下，要是清脆有声（表示咖啡豆未受潮）、齿颊留香才是上品，但最好还是用手捏捏，感觉一下是否实心，而不是买到空壳的咖啡。

如咖啡豆已失去香味或闻起来有陈味，就表示这咖啡豆已不再新鲜，不适合购买。刚炒好的咖啡豆并不适合马上饮用，应该存放一周以便将豆内的气完全释放出来。一般来说，咖啡的最佳饮用期为炒后一周，此时的咖啡最新鲜，香味（Aroma）口感的表现最佳。

另外，咖啡豆的纯度也是另一个考虑因素，专业人士选咖啡，倒不见得是看颗粒的大小，而是抓一把单品咖啡豆（Regional Coffee），数出大约十颗，看一看每颗单豆的颜色是否一致，颗粒大小、形状是否相仿，以免买到以混豆伪装的劣质品。但如果是综合豆（Blended Coffee），大小、色泽不同是正常的现象，而且重火和中深的焙炒法会造成咖啡豆出油，可是较浅焙炒的豆子如果出油，则表示已经变质，不但香醇度降低，而且会出现涩味和酸味。总之，在选购咖啡时应注意其新鲜度、香味和是否有陈味，比较理想的购买数量是以半个月能喝完为宜。

主要是看外表，如果外表是黑黑的，那喝起来的口味一定是很苦的，因为它的黑色素积存太多了，所以会有一种苦汁的产生，但是这种咖啡的疗效主要是治疗退火；如果外表看起来是黄黄的，那一定是发霉了，因为咖啡豆内部发霉会滋生细菌，使外表产生化学反应而变成黄色的外壳，食用这样的咖啡会对身体造成影响；如果外壳是白色的话，那内部一定是长了虫子，内部可能滋生的虫有蟑螂、蜘蛛或是蛆等。

新鲜是购买咖啡豆最重要的因素，要判断所买的豆子新鲜与否有几个步骤：

1. 看

抓一把咖啡豆，用手心感觉一下是否为实心豆。

2. 嗅

靠近鼻子闻一闻香气是否足够。

3. 压

新鲜的咖啡豆压之鲜脆，裂开时有香味飘出，可以拿一颗豆子放入口中咬两下，有清脆的声音就表示豆子的保存良好，没有受潮。

4. 色

深色带黑的咖啡豆，煮出来的咖啡具有苦味；颜色较黄的咖啡豆，煮出来的咖啡带酸味。好的咖啡豆：形状整齐，色泽光亮，采用单炒烘焙，冲煮后香醇，后劲足。

不好的咖啡豆：形状不一，且个体残缺不完整，冲煮后淡香，不够甘醇。具体有以下几种：

（1）发酵豆：采收前掉落土中的咖啡豆，有发酸的异味，会对咖啡的美味造成莫大的影响。

（2）死豆：又称未熟豆，或受气候等因素的影响，发育不健全，煎焙后会产生煎斑，使咖啡有股青涩味。

（3）黑豆：发酵豆，已腐败、发黑的咖啡豆。因为是黑色，一眼即可与正常的咖啡豆区分出来。

（4）蛀虫豆：受虫侵蚀的咖啡豆。

（5）残缺豆：可能是作业时卡到，或是搬运中处理不慎，造成咖啡豆的残缺，会造成烘焙时有煎斑，且会产生苦味及涩味。

任务三 直接倒入成型法

学习目标

知识目标：能够独立操作直接倒入成型法制作咖啡拉花，能为客人提供所需的咖啡服务。

能力目标：会观察——能发现教师在用直接倒入成型法制作咖啡拉花过程中的技能要点；

会归纳——能整理总结直接倒入成型法的咖啡拉花方法；

会操作——全面掌握稠密奶泡的制作；

会合作——能互相协助完成各个环节的任务。

情感目标：培养专业意识，提升内在修养，提升有关中国咖啡文化的水平。

学习任务

一、材料准备

1. 意式浓缩咖啡机

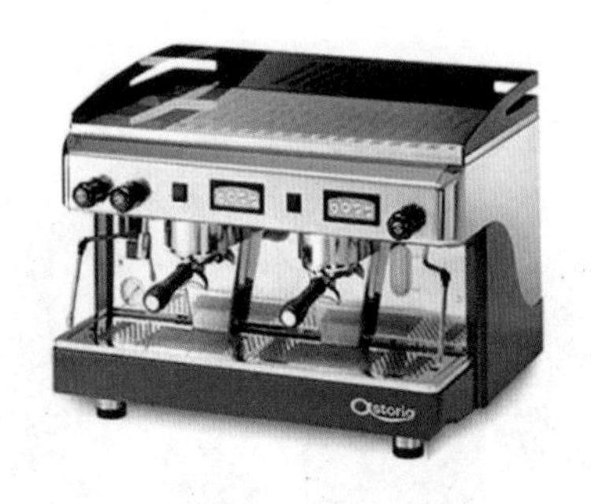

2. 意式磨豆机

3. 意式咖啡豆

4. 填压器

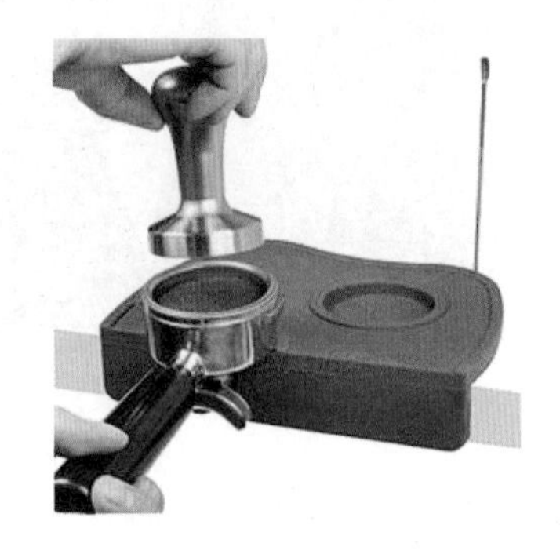

5. 咖啡渣桶

6. 奶缸

7. 全脂牛奶

8. 咖啡杯

9. 清洁毛巾

二、操作步骤

（一）心形

顺序	操作	图　示	操作说明
第一步	准备咖啡		做出一杯意式咖啡

续表

顺序	操作	图　示	操作说明
第二步	准备奶泡		如果制作出来的奶泡有较大的泡泡，可以通过与桌面轻轻碰撞的方式消除；水平晃动奶缸，让奶泡形成旋涡，使牛奶与奶泡充分融合
第三步	注入融合	  	（1）轻晃 Espresso。 （2）杯子倾斜，杯耳正对自己。 （3）从中心点注入，控制水流，既可转圈融合，也可上下提拉融合

续表

顺序	操作	图　示	操作说明
第四步	制作图案		融合六七分满时准备造型。造型点压低奶缸放出奶沫推出圆心，慢慢回正杯子
第五步	收尾		成型咖啡快满时，将奶缸向前上方提起收尾（用细水流收心）。一幅心形图案咖啡拉花就完成了

续表

顺序	操作	图　　示	操作说明

（二）树叶

顺序	操作	图　　示	操作说明
第一步	准备咖啡		做出一杯意式咖啡
第二步	准备奶泡		如果制作出来的奶泡有较大的泡泡，可以通过与桌面轻轻碰撞的方式消除；水平晃动奶缸，让奶泡形成旋涡，使牛奶与奶泡充分融合

续表

顺序	操作	图　示	操作说明
第三步	注入融合		自中心点注入，开始时牛奶的流量稍小，慢慢加大牛奶的注入量。晃动使流量慢慢加大，当出现白点的时候，左右轻晃奶缸

续表

顺序	操作	图　示	操作说明
第四步	制作图案	   	当咖啡表面开始呈现出白色的“之”字形奶泡痕迹时，逐渐往后移动奶缸，减小晃动的幅度

续表

顺序	操作	图示	操作说明
第五步	收尾	   	拉高水流、控制流速快速往回收尾，形成树叶的枝干。叶形图案就制作完成了

三、注意事项

（一）奶缸与咖啡杯的距离

正常奶缸和咖啡杯的距离在 5~10 cm（参考），确切地说应该是缸嘴距离咖啡液面的距离。每个做拉花的人在这一点上面都有所不同，没有完全一样的高度和距离，也没有固定的高度，但是目的只有一点，就是让奶泡与咖啡充分地融合在一起。由于奶泡密度较小且轻，我们在融合时往往会选择抬高奶缸与咖啡液面的距离进行融合，避免破坏油脂的干净和颜色，所以我们要明白，奶泡越厚，距离越大（冲击力）；相反，奶泡越薄，距离就越小。

（二）把奶缸里的奶倒入咖啡杯里时奶流的粗细

正常参考值是：奶流在不断的情况下偏细一点。奶流大小的目的是保证在充分使奶泡和咖啡融合的同时不去破坏油脂的干净程度和颜色，过粗的奶流会有较大的冲击力，会有一定概率出现砸入杯底产生乱流的现象，所以一般会选择较细的奶流去进行融合，灵活一点的话就是奶流的大小要配合奶泡的质量而进行，比如：奶泡偏厚时，我们就要较高距离和较细的奶流；相反，奶泡较薄时，我们可以选择微粗奶流和较近距离去融合。

（三）融合手法

大致分为三种：一字融合法、画圈融合法、定点融合法。这些手法对于拉花流动性的影响不是非常大。

先来说三种方法的区别：一字融合方法即为在一条线上左右摆动地去融合，这种方法可较大程度减少破坏油脂的面积，达到融合目的；画圈融合法即转着圈去融合，这种融合方法可较大程度在油脂表面进行移动，达到融合目的；定点融合法则是在一个点进行融合，这种方法几乎不去破坏油脂的表面干净程度，达到融合目的。

三种融合方法各有优缺点，从融合的状态和均匀程度来讲，效果最好的肯定是画圈融合法，即大面积地去融合。道理很简单，融合的面积越大越容易使奶泡和咖啡充分融合，定点融合和一字融合的话需要有超级棒的油脂和非常好的奶泡。所以建议用画圈融合法去融合。

技能训练

学生小组互评，并按下表鉴定花式咖啡的调制。

技能评价

品饮评价表

评价项目	评价内容	评价标准	个人评价	小组评价	教师评价
看	咖啡产品	咖啡整体形象： A. 优 B. 良 C. 一般			
		表层图案或造型： A. 优 B. 良 C. 一般			
		奶泡的厚度：A. 厚 B. 薄			
闻	咖啡	A. 香气浓郁 B. 香气清淡			
品饮	咖啡	苦：A. 强 B. 中 C. 弱			
		香：A. 强 B. 中 C. 弱			
		酸：A. 强 B. 中 C. 弱			
		甘：A. 强 B. 中 C. 弱			
		顺滑度：A. 强 B. 弱			
品饮礼仪	举止	A. 优 B. 良 C. 一般			
咖啡鉴赏汇总			建议		

技能评价表

操作安全		手法卫生		奶泡效果		创新图案	
是	否	是	否	是	否	是	否
按顺序完成操作流程				是		否	
仪容仪表是否符合咖啡师职业要求				是		否	
能否向宾客介绍咖啡饮品				是		否	
咖啡饮品配套用具是否完整				是		否	
端送咖啡饮品是否使用相应礼节知识				是		否	
操作过程是否安全卫生				是		否	
能否及时清洁使用过的工作台和用具				是		否	
综合评价：							

拓展阅读

百瑞斯特咖啡师大赛（World Barista Championship，WBC）

咖啡行业蓬勃发展，在中国内地开设了相关的赛事分享、赛事交流以及赛事技能培训，百瑞斯特为英译的Barista。大赛宗旨是推出高品质的咖啡，促进咖啡师职业化。世界咖啡协会（WCE），由欧洲专业咖啡协会和美国精品咖啡协会注册成立于爱尔兰都柏林。

一年一度的（咖啡师）大赛吸引了世界各地的观众，从而把全球当地和地区的大赛推向了高潮。

每一年，50多个国家的冠军代表，将在（美妙的）15 min音乐声中以严格的标准做出4杯意式浓缩咖啡，4杯卡布奇诺和4种特色饮品。

来自世界各地的WCE评委将对每个作品的口感、洁净度、创造力、技能和整体表现做出评判（打分）。广受欢迎的特色饮品，通过咖啡师施展他们的想象力和丰富的咖啡知识，把他们的独特口味和经验呈现在评委面前。

从第一轮比赛中胜出的12名选手将晋级半决赛，半决赛胜出的6名选手将晋级决赛，决赛胜出者将成为（年度）世界百瑞斯特（咖啡师）大赛冠军！

世界咖啡师大赛中国区选拔赛授权于世界咖啡师竞赛（WBC），是目前中国唯一一项具有专业水准、系统运作和国际认证的咖啡制作比赛，享有“咖啡奥林匹克”的美誉。其旨在发现和引导咖啡潮流、传播咖啡文化，为全球的职业咖啡师提供一个表演、竞技和交流的平台。

赛事由上海博华国际展览有限公司于2003年引入中国后，着重突出咖啡的制

作环节和技术，并一直致力于弘扬中国咖啡文化理念和事业。该项赛事一直以来得到了中国咖啡业内企业的普遍赞誉和鼎力支持，也成了中国新一代咖啡师成长的摇篮。世界咖啡师大赛中国区选拔赛骄傲地跨入第十三个年头，2015 年度的比赛在全国范围设立 20 个赛区进行选手的选拔，覆盖中国大陆华东、华北、华南、西南地区主要中心城市，选拔出来的优秀咖啡师在 2015 年的 HOTELEX Shanghai（上海国际酒店用品博览会）现场展示技艺、一决高低，争夺代表中国赴海外参加世界咖啡师竞赛（WBC）的唯一名额。

第三模块
花式咖啡

【引言】

花式咖啡就是以单品咖啡为基础，加入了调味品以及其他饮品的咖啡。花式咖啡外形美观，口感丰富，较于纯黑咖啡更容易为大众接受，具有极高的市场占有率，深受广大消费者的青睐。

【模块描述】

本模块主要介绍市场常见的花式咖啡，如卡布奇诺、拿铁热咖啡、拿铁跳舞咖啡、焦糖玛琪雅朵、康宝蓝咖啡及意式冰咖啡以及经典花式咖啡，如爱尔兰咖啡、皇家咖啡、维也纳咖啡、欧蕾咖啡、抹茶咖啡及冰咖啡的制作方法。

任务一　意式花式咖啡制作

学习目标

知识目标：

（1）能够记住卡布奇诺、拿铁热咖啡、拿铁跳舞咖啡、焦糖玛琪雅朵、康宝蓝咖啡及意式冰咖啡的调制方法。

（2）能为客人提供咖啡服务。

能力目标：会观察——能发现教师在调制意式花式咖啡过程中的技能要点；

会归纳——能整理总结各种意式花式咖啡的配方和比例；

会操作——能灵活使用意式花式咖啡机；

会合作——能互相协助完成各个环节的任务。

情感目标：培养制作花式咖啡的美感，体验特色咖啡文化。

学习任务

一、卡布奇诺

1. 材料准备

一份 Espresso、牛奶、肉桂粉少量。

2. 操作步骤

顺序	操　　作
第一步	萃取一份标准的 Espresso 至 Cappuccino 杯中（通常杯子的容量为 150~180 mL）
第二步	将低温冷藏的牛奶发泡并加热至 55 ℃~70 ℃，充分融合奶泡，使牛奶达到相对均衡的状态
第三步	将奶泡注入 Espresso 中，Espresso、牛奶、奶泡的比例通常为 1∶1∶1
第四步	再撒上肉桂粉即可

3. 注意事项

肉桂粉不要放多，否则会影响口感。

4. 特点

卡布奇诺是意大利咖啡文化的主流。卡布奇诺最令人陶醉的便是那细致温暖的牛奶泡沫，温柔地包裹着咖啡的热度，让你回味无穷。

二、冰卡布奇诺

1. 材料准备

双份 Espresso、牛奶、冰奶泡、碎冰、糖浆适量。

2. 操作步骤

顺序	操　　作
第一步	将碎冰、牛奶倒入杯中约 1/3 处，加入糖浆搅匀
第二步	缓缓倒入 Espresso，倒在冰块上，使之分层
第三步	刮上奶沫至杯满
第四步	滴上几滴咖啡液雕花装饰即可

3. 注意事项

要注意咖啡和牛奶的分层操作。

4. 特点

卡布奇诺是意大利咖啡文化的主流。卡布奇诺最令人陶醉的便是那细致温暖的牛奶泡沫，炎热夏天一杯冰卡布奇诺，让你回味无穷。

三、拿铁热咖啡

1. 材料准备

Espresso 50 mL、热牛奶 100 mL、奶泡 50 mL。

2. 操作步骤

顺序	操　　作
第一步	萃取 50 mL 的 Espresso 至 Latte 杯中（通常杯子的容量为 200 mL）
第二步	将热牛奶、奶泡依次倒入杯中即可

3. 注意事项

咖啡、牛奶、奶泡的比例为 1∶2∶1。

4. 特点

意大利传统定义里，拿铁是纯粹牛奶与咖啡的游戏；美国人则习惯将其中一份牛奶代换成柔滑丰盈的牛奶泡沫。

四、冰拿铁

1. 材料准备

双份 Espresso、碎冰、牛奶、糖浆适量。

2. 操作步骤

顺序	操　作
第一步	将碎冰、牛奶倒入杯中约 4/5 处，加入糖浆搅匀
第二步	缓缓倒入 Espresso 即可

3. 注意事项

利用糖浆与牛奶混合以增加牛奶的比重，使它与比重较轻的咖啡不会混合，成为黑白分明的两层。

4. 特点

凉爽的口感给以味觉冲击，使人沉迷其中。

五、拿铁跳舞咖啡

1. 材料准备

双份 Espresso、热牛奶 150 mL、奶泡 150 mL，糖浆 15 mL。

2. 操作步骤

顺序	操　　作
第一步	将 150 mL 的热牛奶倒入已加进 15 mL 糖浆的玻璃杯中（通常杯子的容量为 380~400 mL）。用搅拌棒搅匀
第二步	将奶泡徐徐刮入玻璃杯中至七八分满
第三步	再将双份 Espresso 沿着玻璃杯的内壁慢慢注入即可

3. 注意事项

奶泡切记不可倒进去，要慢慢刮进杯中。

4. 特点

将咖啡端起来走动时，杯中的咖啡就如同舞蹈般美丽，加进糖后会跳动。

六、焦糖玛琪雅朵

1. 材料准备

Espresso 40 ml、焦糖酱、牛奶、香草糖浆。

2. 操作步骤

顺序	操　　作
第一步	牛奶加热打发 300 mL
第二步	取适量的香草糖浆加入 Espresso 中
第三步	倒入牛奶和奶泡至九分满，在上部加入焦糖酱（可以画花或者方格）

3. 注意事项

牛奶不可过热，否则打发不了。

4. 特点

白白的冬天，配上一杯焦糖玛琪雅朵，心里暖暖的。

技能训练

学生分成小组，各小组选一位组长带领组员，依据客人需求合作完成意式花式咖啡调制的任务；也可以独立完成调制随机指定的意式花式咖啡并邀请同学品尝。

技能评价

品饮评价表

评价项目	评价内容	评价标准	个人评价	小组评价	教师评价
看	咖啡产品	咖啡整体形象： A. 优 B. 良 C. 一般			
		表层图案或造型： A. 优 B. 良 C. 一般			
闻	咖啡	A. 香气浓郁 B. 香气清淡			
品饮	咖啡	苦：A. 强 B. 中 C. 弱			
		香：A. 强 B. 中 C. 弱			
		酸：A. 强 B. 中 C. 弱			
		甘：A. 强 B. 中 C. 弱			
		顺滑度：A. 强 B. 弱			
品饮礼仪	举止	A. 优 B. 良 C. 一般			
咖啡鉴赏汇总			建议		

拓展阅读

世界流行花式咖啡配比图

任务二　经典花式咖啡制作

学习目标

知识目标： 能够记住爱尔兰咖啡、皇家咖啡、维也纳咖啡、欧蕾咖啡、抹茶咖啡及冰咖啡的调制方法，能为客人提供咖啡服务。

能力目标： 会观察——能发现教师在调制经典花式热咖啡过程中的技能要点；
会归纳——能整理总结各种经典花式咖啡的配方和比例；
会制作——能灵活使用各种咖啡器具制作花式咖啡；
会合作——能互相协助完成各个环节的任务。

情感目标： 培养咖啡师的专业意识，提升咖啡师的职业素养。

学习任务

一、爱尔兰咖啡

1. 材料准备

现煮热黑咖啡 140 mL、咖啡方糖 2 块、爱尔兰威士忌 15 mL、发泡奶油、爱尔兰咖啡架一套、糖夹一把、火柴。

2. 操作步骤

顺序	操　　作
第一步	将爱尔兰威士忌和咖啡方糖放入爱尔兰咖啡杯中，用专用炉加热至方糖融化
第二步	把准备好的咖啡倒入杯中至第二条线
第三步	在咖啡上覆盖一层鲜奶油，一杯爱尔兰咖啡便完成了

3. 注意事项

方糖必须用专业炉加热融化。

4. 特点

爱尔兰人视威士忌如生命，所以在咖啡里加威士忌调成爱尔兰咖啡，更能将咖啡的酸甜味道衬托出来。

二、皇家咖啡

1. 材料准备

现煮热黑咖啡 90 mL，方糖 1 块，白兰地 5 mL。皇室咖啡专用杯 1 套、皇家咖啡专用勺 1 只、糖夹 1 把、火柴。

2. 操作步骤

顺序	操　　作
第一步	将冲泡好的热咖啡倒入预热过的瓷杯中约八分满
第二步	将皇家咖啡勺横放在杯上，勺上放入方糖用白兰地淋湿并点火
第三步	等蓝色的火焰熄灭方糖融化的时候，将咖啡勺放入咖啡杯中搅匀，香醇的皇家咖啡就做好了

3. 注意事项

使用火柴时注意安全。

4. 特点

这道极品咖啡是由法兰西帝国的皇帝拿破仑发明的。他不喜欢奶味，喜欢白兰地。蓝色的火焰舞起白兰地的芳醇与方糖的焦香，华丽优雅，酒香四溢，再合上浓浓的咖啡香，苦涩中略带甘甜。

三、维也纳咖啡

1. 材料准备

热咖啡一杯，鲜奶油适量、巧克力糖浆适量、七彩米少许、糖包。

2. 操作步骤

顺序	操　　作
第一步	将冲煮好的咖啡倒入温过的杯中约八分满
第二步	在咖啡上以旋转的方式加入鲜奶油
第三步	淋上适量的巧克力糖浆
第四步	最后撒上七彩米，附糖包上桌

3. 注意事项

在进行第二步操作时一定要讲究技巧，旋转加入鲜奶油。

4. 特点

维也纳咖啡乃奥地利最著名的咖啡，是一个名叫爱因舒伯纳的马车夫发明的，也许是由于这个原因，今天，人们偶尔也会称维也纳咖啡为单头马车。以浓浓的鲜奶油和巧克力的甜美风味迷倒全球人士。雪白的鲜奶油上，撒上五色缤纷七彩米，扮相非常漂亮；隔着甜甜的巧克力糖浆、冰凉的鲜奶油啜饮烫的咖啡，更是别有风味。

四、维也纳冰咖啡

1. 材料准备

八分满碎冰、八分满咖啡（有糖）、1个香草冰淇淋球、巧克力酱适量、鲜奶油适量、少许七彩米。

2. 操作步骤

顺序	操　　作
第一步	在杯中加入碎冰、有糖咖啡，顺杯壁挤鲜奶油一圈
第二步	中间放1个香草冰淇淋球
第三步	挤上巧克力酱，撒上些七彩米装饰即可。

3. 注意事项

香草冰淇淋注意造型。

4. 特点

在维也纳，该咖啡与“单头马车”相同，很受人欢迎。这是介于饮料与甜食之间的一种咖啡。

技能训练

学生分成小组，各小组选一位组长带领组员，依据客人需求合作完成经典花式咖啡调制的任务；也可以独立完成调制随机指定的经典花式咖啡并邀请同学品尝。

技能评价

品饮评价表

评价项目	评价内容	评价标准	个人评价	小组评价	教师评价
看	咖啡产品	咖啡整体形象： A. 优　B. 良　C. 一般			
		表层图案或造型： A. 优　B. 良　C. 一般			
闻	咖啡	A. 香气浓郁　B. 香气清淡			
品饮	咖啡	苦：A. 强　B. 中　C. 弱			
		香：A. 强　B. 中　C. 弱			
		酸：A. 强　B. 中　C. 弱			
		甘：A. 强　B. 中　C. 弱			
		顺滑度：A. 强　B. 弱			
品饮礼仪	举止	A. 优　B. 良　C. 一般			
咖啡鉴赏汇总			建议		

拓展阅读

著名的咖啡连锁品牌介绍

1. 星巴克（Starbucks）（美国品牌，中国驰名商标，国内超过 1 700 家连锁店）

星巴克能把一种世界上最古老的商品发展到形成与众不同的、持久的、有高附加值的品牌，与其刚开始创业时坚守的体验文化和独特的营销手段分不开。

星巴克的成功并不在于其咖啡品质的优异，轻松、温馨气氛的感染才是星巴克制胜的不二法宝。因为星巴克咖啡馆所渲染的氛围是一种崇尚知识，尊重人本位，带有一点小资情调的文化。在星巴克咖啡馆里，强调的不再是咖啡，而是文化和知识。星巴克文化实际上是围绕人和知识这两个主题下功夫的文化，这种文化的核

心，是利用尽量舒适的环境帮助人拓宽知识和能力层面，挖掘人在知识上的最大价值。

2. 咖世家咖啡（1971 年源于意大利，国内 344 家连锁店）

与中国市场的先行拓展者星巴克所代表的美国咖啡文化不同，Costa 声称其源自意大利，并带有欧洲贵族气息，因此定位略高于星巴克。此外，Costa 与星巴克等咖啡连锁品牌所倡导的全球连锁标准化不同，其在不同的国家和地区的风格将根据当地的口味和审美来定。

3. 太平洋咖啡（由一对来自美国西雅图的夫妇于1992年在港创立，澳门则于2009年7月开业）

太平洋咖啡的业务分布于中国北京、上海、香港和新加坡，尤其以香港最多，约近70家分店，开设于香港岛、九龙半岛及新界等地区，包括进驻香港大学及香港英国文化协会内的分店，其中以香港岛为重心地。除经营零售店铺外，太平洋咖啡亦供应其品牌的咖啡豆及意大利豆，同时亦于中国香港、澳门及新加坡从事咖啡豆批发。

第四模块
单品咖啡

【引言】

单品咖啡（Varietal Coffee），是用原产地出产的单一咖啡豆磨制而成，饮用时一般不加奶或糖的纯正咖啡。有强烈的特性，口感特别：或清新柔和，或香醇顺滑；成本较高，因此价格也比较贵。比如著名的蓝山咖啡、巴西咖啡、意大利咖啡、哥伦比亚咖啡……都是以咖啡豆的出产地命名的单品。摩卡咖啡和炭烧咖啡虽然也是单品，但是它们的命名就比较特别。摩卡是也门的一个港口，在这个港口出产的咖啡都叫摩卡，但这些咖啡可能来自不同的产地，因此每一批的摩卡豆的味道都不尽相同。

【模块描述】

本模块主要介绍滴滤杯、法兰绒、法式滤压壶、虹吸壶、比利时咖啡壶、摩卡壶、冰滴壶、聪明杯八种咖啡冲泡器具的器具结构、冲泡单品咖啡的方法以及注意事项等内容。

任务一　滴滤杯冲泡咖啡

学习目标

知识目标：能记住滴滤杯冲泡咖啡的方法，独立完成手冲滴滤式咖啡的制作。

能力目标：会观察——能发现教师使用手冲滴滤式壶冲煮咖啡过程中的技能要点；

会归纳——能整理总结手冲滴滤式壶冲煮咖啡的方法；

会操作——能灵活使用手冲滴滤式壶冲煮咖啡；

会合作——能互相协助完成各个环节的任务。

情感目标：勤于练习，养成良好的职业习惯。

学习任务

一、滴滤杯的小故事

说到风靡世界的滤泡式冲泡咖啡方式，我们应当感谢德国的一位家庭妇女本茨·梅丽塔（Bentz Melitta）。她在 100 多年前发明了咖啡滤泡法，改写了德国和世界饮用咖啡的历史。本茨·梅丽塔 1873 年出生于德累斯顿，身为家庭主妇的她喜欢 Schälchen Heeßen（萨克森方言，指一杯咖啡 eine Tasse Kaffee）——现煮的咖啡，但她是一位完美主义追求者，非常讨厌残留在齿缝间的咖啡渣。终有一天她突发奇想，在铜碗底部打了一个孔，从儿子的书包里拿出一张吸墨水纸放在上面，冲入热水，顿时醇香的咖啡便透过吸墨水纸滴入壶中。她就这样发明了能滤渣并保留醇正咖啡香的滤泡方法。在这项发明前，人们都使用布料滤袋过滤咖啡渣。但布料滤袋一是清洗麻烦，二是多次使用后就不卫生了，残留在布袋缝隙的咖啡渣还容易破坏咖啡原本醇正的口味。

1908 年 6 月 20 日，梅丽塔在皇家专利局注册了她的这项发明：一个拱形底部穿有一个出水孔的铜质咖啡滤杯，这就是世界上第一个滤泡式咖啡杯。本茨·梅丽塔当时用很少的钱在自己的住所成立了“梅丽塔公司”，并用自己的亲笔签名 Melitta 作为产品注册商标。

这项伟大的发明很快便家喻户晓，最后成了德国厨房的必备品。20 世纪 20 年代中期，各地订单雪片式地飞来，制造梅丽塔咖啡滤杯的业务急剧扩大，但原有家庭式公司面积早已容纳不下 100 000 个滤器包括陶瓷过滤器的生产订单，1929 年公司搬到明登。今天，梅丽塔公司仍由创始人的孙子们继续掌管经营。梅丽塔公司现在世界各地有 50 家分公司，3 200 多名员工，梅丽塔手冲式滤杯也朝着自动化方向改进，经过无数次改进后终于在美国大获成功，也就是现在我们看到的最普及的美式咖啡自动滤泡机。但如果你拆开一个美式咖啡机来看，梅丽塔夫人发明的滤泡方式原理至今几乎未被改变，只是优化了过滤器的形状和滤纸而已。

可以说撒克逊人骨子里有一种经久不衰的咖啡情愫。闻名于世的作曲家和莱比锡托马斯教堂乐长巴赫谱写了“咖啡康塔塔”。萨克森选帝侯和波兰国王“强者奥古斯特”非常欣赏泡制咖啡和茶叶的精美瓷器，他在迈森（德累斯顿）建立了欧洲第一家瓷器手工厂。在莱比锡，于 19 世纪初开张的“Coffe Baum”是世界上最古老的咖啡馆之一，至今仍营业着。萨克森语中，“Bliemchengaffe”和“Blümchenkaffee”这两个词用于形容非常淡的饮料。这些低浓度饮料大多掺了过多水，淡得能看清装满咖啡的迈森瓷器底部的花纹。

在现代化快节奏的信息社会里，不可否认，这种 100 年前的纯手工滤泡式咖啡方式在德国和欧洲已越来越少，但这种古老冲泡咖啡方式却在东方土地上奇迹般地生根开花，尤其是以日本、韩国、中国台湾和大陆得到前所未有的蓬勃发展、方兴未艾，尤其是日本人从 20 世纪 50 年代开始，对梅丽塔滤杯几乎到了如痴如醉的境地，各种材质的滤泡式、滴滤式的咖啡滤杯器具层出不穷，建立了一整套手冲式滤泡咖啡的理论和操作技术，得到越来越多人们的喜爱，这正是“西方不亮东方亮”。

二、滴滤杯的结构

小可爱壶	滤杯

三、用滴滤杯制作咖啡

1. 材料准备

2. 操作流程

序号	操作步骤	图　示	操作说明
1	放入滤纸		将滤纸的厚边折起、压平，再打开滤纸对齐两条中线，轻轻压一下即可。(切勿把两个扇面对压成折线!) 将折好的滤纸放在滤杯中
2	湿纸、温壶		用热水均匀淋湿滤纸，清洗滤纸并温热滤杯与咖啡壶

续表

序号	操作步骤	图　　示	操作说明
3	投粉		将现磨的咖啡粉（约20 g）投入滤纸并拍平
4	第一次注水		用93 ℃左右的热水慢慢打圈注入至咖啡粉膨胀至最高点。(注入40~50 g的热水)
5	焖蒸		让咖啡粉充分与水浸泡20~30 s
6	第二次注水		当停止膨胀时，立刻开始第二次注水。从中心点开始，顺着同一方向画圆，水流要均匀，不可间断，要让热水浸透全部咖啡粉。注满约150 g的热水停止

续表

序号	操作步骤	图　示	操作说明
7	第三次注水		待第二次注入的水快滴完时，就可以开始第三次注水了。达到所需的水量300 g（150 g/杯），停止注水
8	斟倒咖啡		拿开滤杯，把咖啡倒入已温过的咖啡杯至八分满即可

四、滴滤杯的冲泡原理

滤纸滴滤式冲煮咖啡简单地说就是把咖啡研磨成粉后，放在一个漏斗里（附有滤纸），上面浇上热水，由于地球引力作用，咖啡就从底下流出来。新鲜的咖啡豆具备许多优良的物质，使用该方法，只萃取一次，便落入杯里，所以只萃取到挥发性较高的物质，因此，可冲泡出气味芬芳、干净澄澈且杂味最少的咖啡，这是相当不错的冲泡方法。但由于滤纸过滤是一种渗透作用，咖啡中的胶质不能透过滤纸被萃取出来，所以咖啡的醇味会比较弱，油脂也会相应减少。

技能训练

学生分小组练习滴滤杯冲泡咖啡。模拟工作场景，向客人介绍滴滤杯的来历以及特点。其他同学对调制过程及制作后的咖啡进行观察和评价。

滴滤杯冲泡咖啡技能训练

<table>
<tr><th rowspan="2">序号</th><th rowspan="2">评价项目</th><th rowspan="2">评价标准</th><th colspan="4">完成情况</th></tr>
<tr><th>好</th><th>中</th><th>差</th><th>改进方法</th></tr>
<tr><td>1</td><td>仪容仪表</td><td>（1）头发干净、整齐，发型美观大方。女士淡妆，男士不留胡须及长鬓角，使用无味的化妆品；
（2）手及指甲干净，指甲修剪整齐，不涂有色指甲油；
（3）着装符合岗位要求，整齐干净，不佩戴过于醒目的饰物</td><td></td><td></td><td></td><td></td></tr>
<tr><td>2</td><td>准备工作</td><td>准备器具和材料</td><td></td><td></td><td></td><td></td></tr>
<tr><td>3</td><td>介绍</td><td>能对每一步骤进行清晰的讲解并说明要点</td><td></td><td></td><td></td><td></td></tr>
<tr><td rowspan="7">4</td><td rowspan="7">操作步骤</td><td>磨咖啡豆</td><td></td><td></td><td></td><td></td></tr>
<tr><td>折叠滤纸放入杯中</td><td></td><td></td><td></td><td></td></tr>
<tr><td>装咖啡粉</td><td></td><td></td><td></td><td></td></tr>
<tr><td>第一次注水</td><td></td><td></td><td></td><td></td></tr>
<tr><td>第二次注水</td><td></td><td></td><td></td><td></td></tr>
<tr><td>第三次注水</td><td></td><td></td><td></td><td></td></tr>
<tr><td>倒咖啡液入杯</td><td></td><td></td><td></td><td></td></tr>
<tr><td>5</td><td>成品</td><td>味道、颜色</td><td></td><td></td><td></td><td></td></tr>
<tr><td rowspan="2">6</td><td rowspan="2">服务</td><td>装杯入碟、配勺</td><td></td><td></td><td></td><td></td></tr>
<tr><td>对客服务</td><td></td><td></td><td></td><td></td></tr>
<tr><td>7</td><td>清洁</td><td>对器具进行清洗、归位，对操作区域进行清洁</td><td></td><td></td><td></td><td></td></tr>
<tr><td>8</td><td>完成时间</td><td>分，秒</td><td></td><td></td><td></td><td></td></tr>
</table>

技能评价

综合评价：

拓展阅读

咖啡的起源

一、咖啡的历史

咖啡（Coffee）发源于埃塞俄比亚南部的咖法（Kaffa）省，咖啡（Coffee）一词显然和它的发源地有着密不可分的联系。在希腊语中“Kaweh”的意思是“力量与热情”。茶叶与咖啡、可可并称为世界三大饮料。

最早种植咖啡（Coffee）并把它作为饮料的是埃塞俄比亚的阿拉伯人，他们把它叫作“Qahwah”，这本来是阿拉伯人对咖法（Kaffa）的称呼，后来逐渐成为“植物饮料”的总称。不久，“Qahwah”一词随着咖啡传入当时的奥斯曼帝国，也就是现在的土耳其，在土耳其语中这个发音变成了“Quhve”。随后，咖啡（Coffee）通过土耳其传入欧洲。欧洲人按照自己的读音标准，改变了土耳其拉丁语的发音，在18世纪时，将咖啡定名为“Coffee”，流传至今。

二、咖啡的发现与传播

在无数的咖啡发现传说中，有两大传说最令人津津乐道，那就是“牧羊人的传说”与“阿拉伯僧侣”。

1. 牧羊人的传说

传说在10世纪前后，非洲的埃塞俄比亚高原上，有个叫卡尔的牧羊人。有一天，他看到山羊突然都显得无比兴奋，觉得很奇怪，后来经过细心观察，发现这些山羊是吃了某种红色的果实才显得如此兴奋。卡尔好奇地尝了一些，发现自己觉得精神爽快，兴奋不已。于是，他顺手将这些不可思议的红色果实带回家，分给邻居们，就这样，这种果实的神奇效力也就因此流传开来。

2. 阿拉伯僧侣

据说在1258年，阿拉伯也门山区的一位雪克·欧玛尔，因犯罪而被族人驱逐，被流放到瓦萨巴。某天，他筋疲力尽地在山上走，突然发现了一棵特别的树，枝头上的小鸟啄了树上的果实后，发出极为悦耳婉转的啼叫声。于是他便将此果放入水中熬煮，它竟散发出浓郁诱人的香味，他饮用后原本疲惫的感觉随之消失，变得精力十足。后来，欧玛尔便采集许多这种神奇的果实，遇见有人生病时，就将果实熬煮成汤汁给他们饮用，使他们恢复了精神。由于他四处行善，受到各族人的爱戴，不久被赦，回到了部落所在的摩卡，并因发现这种果实而被尊崇为圣者。据说，这种神奇的治病良药就是咖啡。

咖啡传播历史：

17世纪早期，德国人、法国人、意大利人以及荷兰人都竞相把咖啡推销到他们各自的海外殖民地。

1616年，一株咖啡树经摩卡港转到荷兰，使荷兰人在咖啡种植的竞争中取得上风。

1658年，荷兰人开始在锡兰培植咖啡。

1699年，荷兰人使爪哇出现了第一批欧式种植园。

1715年，法国人将咖啡树种带到了波旁岛。

1718年，荷兰人把咖啡带到了南美洲的苏里南，拉开了世界咖啡中心地区（南美洲）种植业飞速发展的序幕。

1723年，一个法国人加布里埃尔·马蒂厄·德·克利（Gabrie Mathieu De clieu）将咖啡树苗带到马提尼克岛。

1727年，南美洲的第一个种植园巴西帕拉建立。随后在里约热内卢附近栽培。

1730年，英国人把咖啡引入牙买加，这之后富有传奇色彩的牙买加蓝山咖啡开始在蓝山地区生长。

1750—1760年，危地马拉出现咖啡种植。

1779 年，咖啡从古巴传入了哥斯达黎加。

1790 年，咖啡第一次在墨西哥种植。

1825 年，来自里约热内卢的咖啡种子被带到了夏威夷岛屿，成为之后享有盛名的夏威夷可娜咖啡。

1878 年，英国人使咖啡登陆非洲，在肯尼亚建立咖啡种植园区。

1884 年，咖啡在中国台湾首次种植成功。

1887 年，法国人带着咖啡树苗在越南建立了种植园。

1892 年，由法国咖啡爱好者在中国云南宾川县种植成功。

1896 年，咖啡开始登陆澳大利亚的昆士兰地区。

从此以后咖啡种植的秘密一传十，十传百，成为公开的秘密。

实际上，公元前 525 年，阿拉伯人就开始种植咖啡了，阿拉伯地区也随之开始盛行咀嚼炒的咖啡豆子。890 年，阿拉伯商人把咖啡豆子销售到也门，也门人第一次把咖啡豆制成饮料。15 世纪，咖啡传入欧洲、亚洲，又很快传入美洲。到 18 世纪，全球热带和亚热带地区广泛种植咖啡，并成为世界三大饮料之一。咖啡每年销售量跃居三大饮料之首，是可可的 3 倍，茶叶的 4 倍。虽然世界上栽培咖啡的历史已有 2 000 多年，但中国栽培咖啡却只有几百年，1884 年，我国台湾省开始引种咖啡。20 世纪初，华侨从马来西亚带回咖啡在海南省种植。后来，南方热带和亚热带的各省区才陆续开始种植咖啡。虽然栽培的时间较短，但我国海南省和云南省的咖啡具有超群的品质、独特的魅力，在国际上享有盛誉，一些外国商人低价买去后，经加工再销往国际市场，就成了价值昂贵的世界一流饮料，尤为突出的是云南省种植的小粒咖啡，因云南昼夜温差大，利于其内含物质的积累，所以品尝起来给人感觉浓而不苦，香而不烈，含油多，带果味，从而被国内外咖啡商人称赞为“国际上质量最好的咖啡”。

任务二　法兰绒冲泡咖啡

学习目标

知识目标： 能记住法兰绒咖啡壶冲煮咖啡的方法，能运用法兰绒咖啡壶冲煮咖啡。

能力目标： 会观察——能发现教师使用法兰绒咖啡壶冲煮咖啡过程中的技能要点；

会归纳——能整理总结法兰绒咖啡壶冲煮咖啡的方法；

会操作——能灵活使用法兰绒咖啡壶冲煮咖啡；

会合作——能互相协助完成各个环节的任务。

情感目标： 香气是咖啡与人的情感沟通，追求更多的精神和情感上的体验。

学习任务

一、法兰绒咖啡壶的小故事

法兰绒这种织物诞生于 18 世纪的英国威尔士，咖啡爱好者发现用法兰绒过滤，既保温又透气，咖啡粉能充分膨胀，获得最香醇的咖啡，甚至能品尝一些其他萃取方式萃取不到的风味细节。它的适用性非常广泛，可萃取热饮的咖啡，也可以制作冷饮的咖啡，在操作的形式上和手冲十分相似。

二、法兰绒咖啡壶的结构

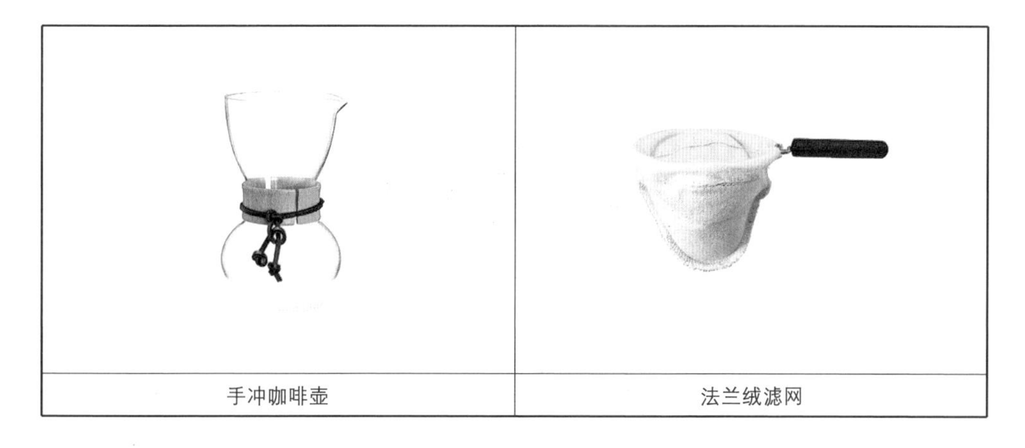

手冲咖啡壶	法兰绒滤网

三、制作咖啡

1. 材料准备

法兰绒咖啡壶	热水壶	咖啡豆	木勺
电子秤	咖啡杯、咖啡勺	磨豆机	

2. 操作流程

序号	操作步骤	图　示	操作说明
1	清洗滤布		将新的法兰绒滤布放进锅里水煮 5 min，然后装在铁环上拧干
2	磨豆		称取 16~22 g 咖啡豆（2 人份），中粗研磨

续表

序号	操作步骤	图　示	操作说明
3	温滤布温壶		用热水温热法兰绒滤布和手冲咖啡壶，1 min 后将水倒掉
4	投粉		将准备好的咖啡粉放入滤布中，堆积成山丘，自然松散
5	拨粉		用木勺将边缘的咖啡粉往中间拨，成松软的“土堆”
6	挖一个小洞		在粉面挖一个小洞，将中心轻轻下压，形成一个小洞
7	第一次注水		轻缓地往咖啡粉中间的凹坑里注入 80℃~90℃的热水 40~50 g。焖蒸 20~30 s

续表

序号	操作步骤	图　　示	操作说明
8	第二次注水		咖啡停止膨胀时，从中心开始画圈继续注入热水约 60 g，进行第二次焖蒸，时间也为 20~30 s
9	第三次注水		中央部分开始塌陷，为了保持膨胀的高度就继续注入热水，达到目标量（300 g，150 g/杯）后停止注入
10	斟倒咖啡液		移开滤布，轻轻晃动咖啡壶后将咖啡倒入温过的咖啡杯中至八分满

四、法兰绒咖啡的冲泡原理

法兰绒滴漏法萃取的咖啡香醇滑顺，因为它的咖啡粉做出的过滤层较滤纸滴漏法厚，让咖啡粉得以充分焖蒸，再加上过滤速度一致，萃取出的味道也平均。另一方面，滤纸滴漏法的过滤层常会变薄，所以粉的分量与萃取时间必须严格计算。

技能训练

学生分小组练习，组员之间互评并完成下列表格。

法兰绒咖啡壶煮咖啡实操训练

<table>
<tr><th rowspan="2">序号</th><th rowspan="2">评价项目</th><th rowspan="2">评价标准</th><th colspan="4">完成情况</th></tr>
<tr><th>好</th><th>中</th><th>差</th><th>改进方法</th></tr>
<tr><td>1</td><td>仪容仪表</td><td>（1）头发干净、整齐，发型美观大方。女士淡妆，男士不留胡须及长鬓角，使用无味的化妆品；
（2）手及指甲干净，指甲修剪整齐，不涂有色指甲油；
（3）着装符合岗位要求，整齐干净，不佩戴过于醒目的饰物</td><td></td><td></td><td></td><td></td></tr>
<tr><td>2</td><td>准备工作</td><td>准备器具和材料</td><td></td><td></td><td></td><td></td></tr>
<tr><td>3</td><td>介绍</td><td>能对每一步骤进行清晰的讲解并说明要点</td><td></td><td></td><td></td><td></td></tr>
<tr><td rowspan="8">4</td><td rowspan="8">操作步骤</td><td>清洗滤布</td><td></td><td></td><td></td><td></td></tr>
<tr><td>研磨咖啡豆</td><td></td><td></td><td></td><td></td></tr>
<tr><td>温滤布温壶</td><td></td><td></td><td></td><td></td></tr>
<tr><td>投粉、拨粉</td><td></td><td></td><td></td><td></td></tr>
<tr><td>第一次注水</td><td></td><td></td><td></td><td></td></tr>
<tr><td>第二次注水</td><td></td><td></td><td></td><td></td></tr>
<tr><td>第三次注水</td><td></td><td></td><td></td><td></td></tr>
<tr><td>斟倒咖啡液</td><td></td><td></td><td></td><td></td></tr>
<tr><td>5</td><td>成品</td><td>味道、颜色</td><td></td><td></td><td></td><td></td></tr>
<tr><td rowspan="2">6</td><td rowspan="2">服务</td><td>装杯入碟、配勺</td><td></td><td></td><td></td><td></td></tr>
<tr><td>对客服务</td><td></td><td></td><td></td><td></td></tr>
<tr><td>7</td><td>清洁</td><td>对器具进行清洗、归位，对操作区域进行清洁</td><td></td><td></td><td></td><td></td></tr>
<tr><td>8</td><td>完成时间</td><td>分，秒</td><td></td><td></td><td></td><td></td></tr>
</table>

技能评价

综合评价：

拓展阅读

咖啡带与主要产地

一、咖啡带

咖啡主要栽种在热带、亚热带地区，此区又被称为“咖啡带”，世界上咖啡生产国有60多个，其中大部分位于南北回归线（南、北纬23′26″）之间，咖啡带的年平均温度在20 ℃以上，因为咖啡树是热带植物，若气温低于20 ℃，则无法生长。

二、主要产地

1. 巴西

巴西是最大的咖啡生产地，各种等级、种类的咖啡占全球1/3消费量，在全球的咖啡交易市场上占有一席之地，虽然巴西所面临的天然灾害比其他地区高上数倍，但其可种植的面积已经足以弥补。这里的咖啡种类繁多，因其工业政策为大量及廉价，所以特优等的咖啡并不多，但它们是用来混合其他咖啡的好选择。其中最出名的就是山多斯咖啡，它的口感香醇、中性，它可以直接煮，或和其他种类的咖啡豆相混成综合咖啡，也是很好的选择。其他种类的巴西咖啡如里约、帕拉那等因不需过多的照顾，可以大量生产，虽然味道较为粗糙，但不失为一种物美价廉的咖啡。

2. 古巴

古巴咖啡的种植是由国家管理的。古巴最好的咖啡种植区位于中央山脉地带。因为这片地区除了种植咖啡外，还有石英、水晶等珍贵矿物出产，所以又被称为水

晶山。水晶山与牙买加的蓝山山脉地理位置相邻，气候条件相仿，品味与蓝山咖啡相似，可媲美牙买加蓝山。所以古巴水晶山成了牙买加蓝山相比较的对象，水晶山又被称为“古巴的蓝山”。古巴水晶山代表咖啡是“Cubita”，被称为“独特的加勒比海风味咖啡”“海岛咖啡豆中的特殊咖啡豆”，成了古巴大使馆的指定咖啡。

3. 哥伦比亚

哥伦比亚这个产量仅次于巴西的第二大咖啡工业国，也是哥伦比亚·麦尔德集团（哥伦比亚、坦桑尼亚、肯尼亚）中的翘楚。较有名的产地“麦德林”“马尼萨雷斯”“波哥大”“亚美尼亚”等所栽培的咖啡豆皆为阿拉比卡种，味道相当浓郁，品质、价格也很稳定，煎焙过的咖啡豆，更显得大且漂亮。从低级品至高级品都能生产，其中有些是世上少有的好货，味道香醇，令人爱不释手。

4. 墨西哥

墨西哥是中美洲主要的咖啡生产国，这里的咖啡口感舒适，具有迷人的芳香。上选的墨西哥咖啡有科特佩（Coatepec）、华图司科（Huatusco）、欧瑞扎巴（Orizaba），其中科特佩被认为是世上最好的咖啡之一。

5. 夏威夷

到夏威夷观光，除了美丽的海滩，可别忘了夏威夷咖啡豆——Kona。它口感甜美，带有愉快的葡萄酒的酸味，非常特殊。它是生长在夏威夷西南海岸的Kona，是夏威夷最传统且出名的咖啡。不过由于这里的产量不高，成本却出奇的昂贵，再加上美国等地对单品咖啡的需要日渐增强，所以它的单价不但越来越高，并且也不容易买到。

6. 印尼

苏门答腊的高级曼特宁，它独特的香浓口感、微酸性的口味、品质可说是世界第一。另外，在爪哇生产的阿拉伯克咖啡，是欧洲人的最爱，那苦中带甘，甘中又有酸的余香，久久不散。

7. 哥斯达黎加

哥斯达黎加的高纬度地方所生产的咖啡豆是世上赫赫有名的，浓郁，味道温和，但极酸，这里的咖啡豆都经过细心的处理，正因如此，才有高品质的咖啡。著名的咖啡是中部高原（Central Plateau）所出产的，这里的土壤包括连续好几层厚的火山灰和火山尘。

8. 安哥拉

安哥拉是全世界第四大咖啡工业国，但只出产少量的阿拉伯克咖啡，品质高。

9. 埃塞俄比亚

埃塞俄比亚的阿拉伯克咖啡，生长在高纬度的地方，需要很多人工悉心地照顾。这里有著名的埃塞俄比亚摩卡，它有着与葡萄酒相似的酸味，香浓，且产量颇丰。

10. 牙买加

牙买加的蓝山咖啡在各方面都堪称完美无瑕。

11. 肯尼亚

肯尼亚种植的是高品质的阿拉伯克咖啡豆，咖啡豆几乎吸收了整个咖啡樱桃的精华，有着微酸、浓稠的香味，很受欧洲人的喜爱，尤其在英国，肯尼亚咖啡更超越了哥斯达黎加的咖啡，成为最受欢迎的咖啡之一。

12. 也门

也门的摩卡咖啡曾经风靡一时，在世界各地刮起一阵摩卡旋风，只可惜好景不长，在政治的动荡及没有规划的种植之下，摩卡的产量十分不稳定。

13. 秘鲁

秘鲁的咖啡多种植在高海拔的地区，有规划的种植使得产量大大提升，口感香醇，酸度恰如其分。

14. 危地马拉

危地马拉的中央地区种植着世界知名、风味绝佳的好咖啡，这里的咖啡豆多带有炭烧味，可可香，唯其酸度稍强。

任务三　法式滤压壶冲泡咖啡

学习目标

知识目标： 能记住法式滤压壶冲泡咖啡的方法，能运用法式滤压壶冲煮咖啡。

能力目标： 会观察——能发现教师使用法式滤压壶冲煮咖啡过程中的技能要点；

会归纳——能整理总结法式滤压壶冲煮咖啡的方法；

会操作——能灵活使用法式滤压壶冲煮咖啡；

会合作——能互相协助完成各个环节的任务。

情感目标： 懂得咖啡基础文化，养成专业服务意识。

学习任务

一、法式滤压壶的小故事

法压壶（又名法式滤压壶、冲茶器、FrenchPress 法式压滤壶），大约于 1850 年发源于法国的一种由耐热玻璃瓶身（或者是透明塑料）和带压杆的金属滤网组成的简单冲泡器具。起初多被用作冲泡红茶之用，因此也有人称之为冲茶器。

法压壶是由玻璃杯和金属滤网组成的咖啡烹煮工具，使用时将咖啡粉末和热水放入壶内，再将带有滤网的盖子盖上，按下手柄将咖啡粉末过滤在咖啡壶底部，然后倒出咖啡即可。除了咖啡之外，滤压壶也可以使用在冲泡花茶与茶叶上。

法压壶最容易控制的就是时间了，同样状况的豆子、研磨、水温，不同的时间却有不同的效果。一般来说时间越久味道越浓郁，但容易出现苦味、涩味、杂味。不过，当咖啡的五大变因改变时，控制时间就会有意想不到的结果：如深烘焙的豆子把时间控制较短会得到很棒的香味与甘甜，浅烘焙的豆子需要多一点的时间来萃取，酸质与香气才得以表现。

二、法式滤压壶的结构

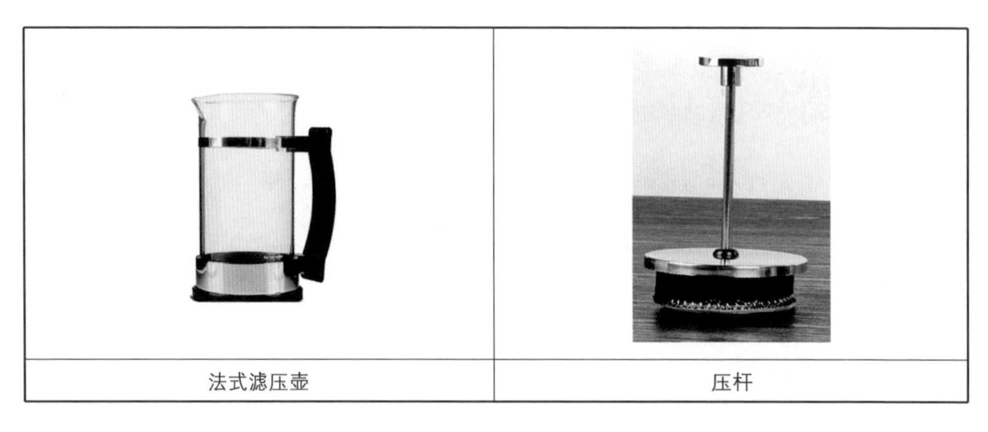

法式滤压壶	压杆

三、制作咖啡

1. 材料准备

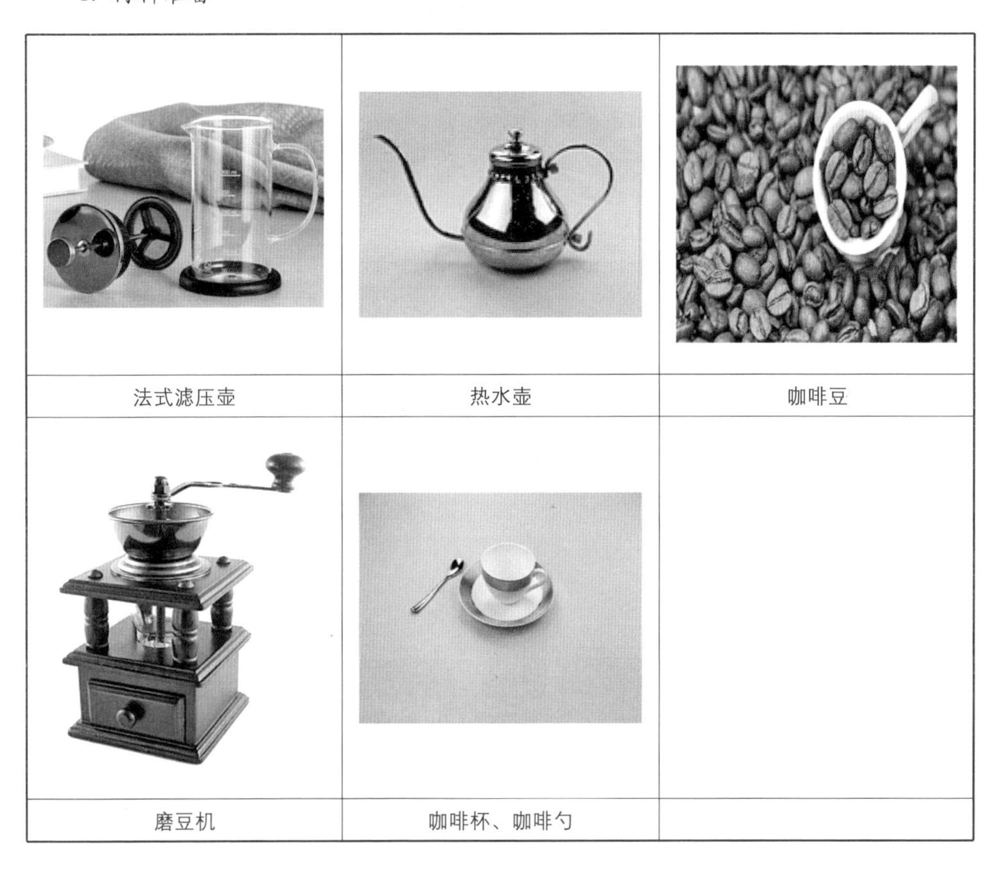

法式滤压壶	热水壶	咖啡豆
磨豆机	咖啡杯、咖啡勺	

2. 操作流程

序号	操作步骤	图　示	操作说明
1	磨豆		将咖啡豆放入磨豆机，磨出中度咖啡粉

续表

序号	操作步骤	图示	操作说明
2	投粉		将中粗度研磨的咖啡粉放入法压壶
3	加入热水		加入热水，均匀地淋在咖啡粉上
4	盖上盖子		盖上盖子及压杆，等待 3 min 左右
5	压杆		缓慢地压下压杆，压时一定要缓慢匀速
6	倒咖啡		将冲泡好的咖啡倒入温热的咖啡杯中，一杯香醇咖啡就制作完成了

四、法式滤压壶冲泡咖啡的原理

法式压力壶由一个圆筒状的容器和一个可将咖啡粉与水分离的金属滤网（有轴）构成。使用方法是将咖啡粉放入咖啡壶中，倒入热水，经过一段时间后挤压滤网，此时咖啡粉就会从容器底部分离过滤出来。这是一种清洗有点麻烦但操作简便的冲泡方式。

法式压力壶是很有代表性的浸渍萃取器具。浸渍法的特点是容易控制、改变热水与咖啡粉的接触时间，也就是说，方便控制咖啡的味道。

技能训练

学生分小组练习法式滤压壶冲泡咖啡。模拟工作场景，向客人介绍法式滤压壶的来历以及特点。其他同学对调制过程及制作后的咖啡进行观察和评价。

法式滤压壶冲泡咖啡实操训练

序号	评价项目	评价标准	完成情况			
			好	中	差	改进方法
1	仪容仪表	（1）头发干净、整齐，发型美观大方。女士淡妆，男士不留胡须及长鬓角，使用无味的化妆品； （2）手及指甲干净，指甲修剪整齐，不涂有色指甲油； （3）着装符合岗位要求，整齐干净，不佩戴过于醒目的饰物				
2	准备工作	准备器具和材料				
3	介绍	能对每一步骤进行清晰的讲解并说明要点				
4	操作步骤	温壶温杯				
		磨咖啡豆、投粉				
		加热水				
		咖啡萃取				
		咖啡滤压				
		倒咖啡液入杯				
5	成品	味道、颜色				
6	服务	装杯入碟、配勺				
		对客服务				
7	清洁	对器具进行清洗、归位，对操作区域进行清洁				
8	完成时间	分，秒				

技能评价

综合评价：

拓展阅读

咖啡种植与生长条件

一、咖啡种植

气候是咖啡种植的决定性因素，咖啡树只适合生长在热带或亚热带，所以南北纬25°之间的地带，一般称为咖啡带或咖啡区。不过，并非所有位于此区内的土地，都能培育出优良的咖啡树。

目前，世界上有70多个国家在种植咖啡，都位于以赤道为中心，南北纬25°之间的“咖啡生长带”。“咖啡生长带”基本具备了咖啡树生长的5个理想自然条件：

1. 气候

四季温暖如春（18 ℃～25 ℃）的气候、适中的降雨量（1 500～2 250 mm）。要能配合咖啡树的开花周期。

2. 日照

日照充足，通风、排水性能良好的地理环境。但过于强烈的阳光会抑制咖啡树的成长，故各个产地通常会配合种植一些遮阳树。

3. 土壤

咖啡树在充满氮、碳酸钾与磷酸的土壤中长得最茂盛。

4. 海拔

最理想海拔高度为 500～2 000 m。

5. 其他

绝对没有霜冻。

由此可知，栽培高品质咖啡的条件相当严格：阳光、雨量、土壤、海拔、气温以及咖啡豆采收的方式和制作过程，都会影响到咖啡本身的品质。在保证 20 ℃左右的温度的前提下，海拔越高或离南、北回归线越近，咖啡的独特风味就越强烈。

二、咖啡的生长

咖啡的一生

1. 咖啡树的生长和收获

长成一棵高收成和高品质的咖啡树，在幼苗时就要得到细心呵护和选拔，一般在播种后40天左右开始发芽，然后移植到温室大棚中才能长成树苗，待树苗长至40~50 cm高时才选择比较健康粗壮的树苗移植到农场里。这样的做法比较传统，但只有这样才能从源头保证咖啡的品质。这也是玛卡多咖啡的第一道品质保障。

3~5年后，树苗长成咖啡树，以后每隔8~9年，砍掉一次树的主干，使其重新生长，控制树的高度，这样反复二三次，咖啡树的收获期间就可达30年之久。

咖啡是热带植物，但也不能终日被阳光照射，有些地区就在咖啡树间种植一些豆科树木及香蕉树来遮挡阳光，这被称为遮阳树，如哥伦比亚、埃塞俄比亚等。哥斯达黎加、巴西等地由于日照时间的恰到好处，就不需要这些遮阳树了。

当咖啡果实成熟时，要立刻采收，但当同一株树上出现不同成熟期的果实时，采收工作就不是一件容易的事，既耗时又耗工。一般来说，从初期采收到完全采收时间长达4~5个月，但如果将成熟与未成熟的果实同时摘取，则会降低咖啡的品质。

2. 主要产地的咖啡收获期

巴西自5月至6月下旬；

哥伦比亚自10月至第二年2月下旬；

中美自10月至第二年2月下旬；

摩卡自10月上旬至第二年1月下旬；

非洲罗布斯塔自10月上旬至第二年1月下旬；

非洲阿拉比卡自10月上旬至第二年1月下旬；

印尼自3月至5月下旬。

为保证咖啡樱桃不变质，在采摘的当日就送到咖啡接收站。低品质的咖啡樱桃在采摘和送到接收站时就要处理掉。

玛卡多的巴西农场均建有自己的咖啡接收站以完成咖啡水选这一过程。接收站用一个水槽来做初步清洗与筛选的动作，这个动作也叫作Pre-cleaning and floating，将咖啡樱桃先倒入水槽，做简易清洗将一些杂物去除。接下来是将漂浮豆与漂浮杂物分离掉，成熟的咖啡豆因密度大，会沉淀在水槽底部，而较不成熟且腐败的果实则因密度小会浮在水面上，这就很容易捞掉。

任务四　用虹吸式咖啡壶冲煮咖啡

学习目标

知识目标： 能记住虹吸式咖啡壶冲煮咖啡的方法，能运用虹吸式咖啡壶冲煮咖啡。

能力目标： 会观察——能发现教师使用虹吸式咖啡壶冲煮咖啡过程中的技能要点；

会归纳——能整理总结虹吸式咖啡壶冲煮咖啡的方法；

会操作——能灵活使用虹吸式咖啡壶冲煮咖啡；

会合作——能互相协助完成各个环节的任务。

情感目标： 与其他人交流咖啡制作经验，提高自己内在的咖啡文化修养，养成良好的职业习惯。

学习任务

一、虹吸式咖啡壶的小故事

1840 年，一个实验室的玻璃试管，扣动了虹吸式（Syphon）咖啡壶的发明扳机，苏格兰海军工程师罗伯特·奈菲尔（Robert Napier）以化学实验的试管做蓝本，创造出第一只真空式咖啡壶。两年后，法国巴香夫人将壶改良，大家熟悉的上下对流式虹吸壶从此诞生。虹吸式咖啡壶在法国住了很长一段时间，但始终没有等到红透半边天的好机运。

20 世纪中期，它分别被带到丹麦和日本，才算初尝走红滋味。

日本人喜欢一板一眼认真推敲咖啡粉粗细、水和时间牵一发动全身的复杂关系，发展出中规中矩的咖啡道。

唯美主义的丹麦人却重功能设计，20 世纪 50 年代中期从法国进口虹吸壶的彼德·波顿（Peter Bodum），因为嫌法国制造的壶又贵又不好用，跟建筑设计师 Kaas Klaeson 合作，开发了 Bodum 第一只造型虹吸壶，并以“Santos”的名字问世。

二、虹吸壶的结构

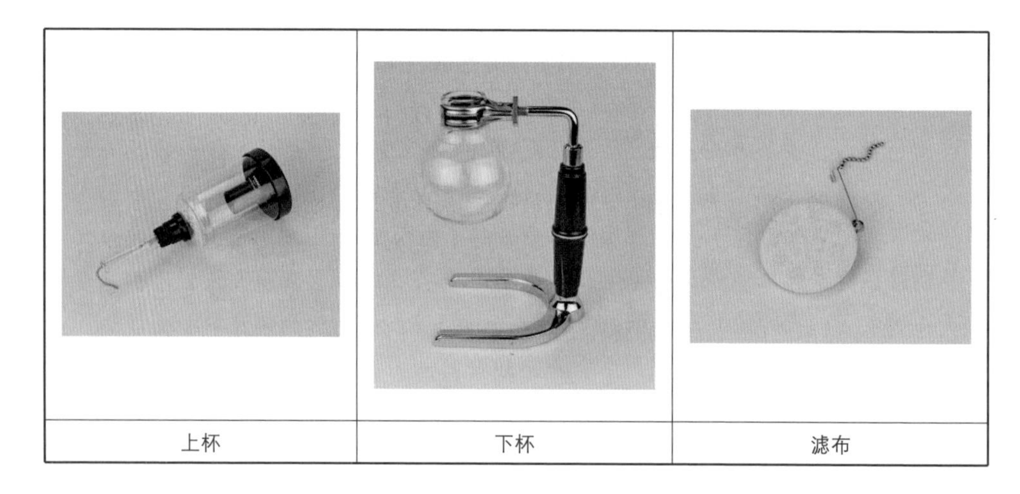

上杯	下杯	滤布

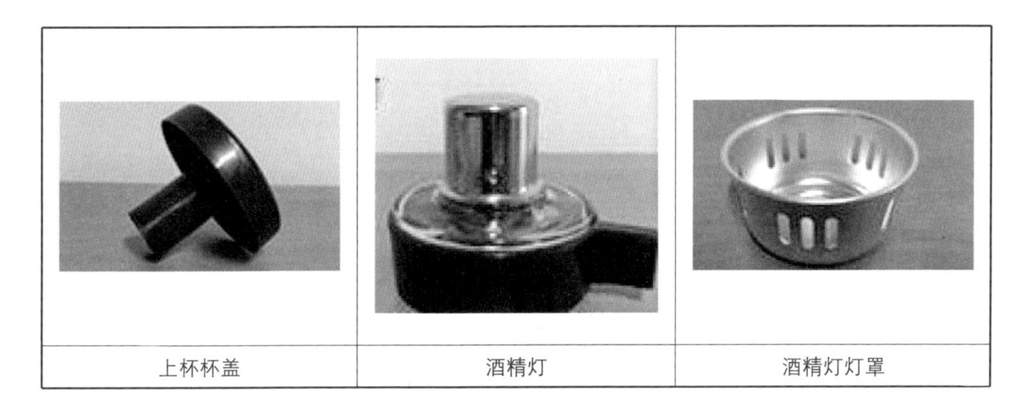

上杯杯盖	酒精灯	酒精灯灯罩

三、制作咖啡

1. 材料准备

虹吸壶	搅拌勺	热水壶	咖啡豆
磨豆机	咖啡杯、咖啡勺	干/半毛巾	酒精灯

仪容仪表准备：与课人员身着职业装，保持手部卫生，符合职业仪容仪表要求。

2. 操作流程

序号	操作步骤	图　示	操作说明
1	磨豆		中等磨研度，手摇磨豆机粗细调整片距最低处逆转1~2圈
2	装滤布		将滤布套在滤片上，将过滤片圆珠端拉出钩在管子一端
3	加入热水		开始注水，水是粉重量的十倍，可根据口味调整，加热前一定要用干毛巾擦拭下壶，以避免受热破裂或熏黑下座
4	放上杯		将上杯放入下杯中，确认连接处保持密闭

续表

序号	操作步骤	图　示	操作说明
5	点酒精灯		点燃酒精灯，并放到下杯下，进行加热
6	加热		加热下杯，等待水位上涨，气泡变成极细的小泡时将火调至最小
7	投粉		待水位完全上升至上壶，且气泡变得极细时，倒入磨好的咖啡粉
8	第一次搅拌		用搅拌勺打散咖啡粉，使咖啡粉充分浸润，搅拌勺保持 12 点钟方向利用惯性顺时针或逆时针搅拌 8 圈，收搅拌勺时开始计时

续表

序号	操作步骤	图　示	操作说明
9	第二次搅拌		计时至 30 s 时，进行第二次搅拌，此次搅拌 6 圈
10	第三次搅拌		计时至 1 min 20 s 时，移开酒精灯断掉火源后进行第三次搅拌，此次搅拌 6 圈
11	回流		等待咖啡完全回流到下杯

续表

序号	操作步骤	图　示	操作说明
12	取上杯		将上杯向前再向后摇动后取出上杯
13	斟倒咖啡液		将咖啡倒入温过的杯中八分满

四、滴滤杯冲泡原理

虹吸壶进行咖啡萃取的主要原理是通过压力差实现的，首先将下杯水加热至沸腾，然后插入上杯，使得下杯呈现真空状态，由于下杯和上杯的压力差使得热水上行与上杯咖啡粉进行混合并萃取，萃取过程结束后撤掉下杯的火源，使得下杯与上杯之间的压力差瞬间减小，上杯与下杯之间的重心引力会促使咖啡萃取液回流至下杯。如果要咖啡萃取液回流速度加快，可以用一个湿抹布擦拭下杯，这样可以让上下杯压力差更小，咖啡萃取液回流速度更快。

技能训练

学生分小组练习虹吸壶冲煮咖啡。模拟工作场景，向客人介绍虹吸壶的来历以及特点。其他同学对调制过程及制作后的咖啡进行观察和评价。

虹吸壶冲煮咖啡实操训练

序号	评价项目	评价标准	完成情况			
			好	中	差	改进方法
1	仪容仪表	（1）头发干净、整齐，发型美观大方。女士淡妆，男士不留胡须及长鬓角，使用无味的化妆品； （2）手及指甲干净，指甲修剪整齐，不涂有色指甲油； （3）着装符合岗位要求，整齐干净，不佩戴过于醒目的饰物				
2	准备工作	准备器具和材料				
3	介绍	能对每一步骤进行清晰的讲解并说明要点				
4	操作步骤	组装滤布				
		加水、加热				
		插入并扶正上壶				
		磨咖啡豆				
		加咖啡粉、第一次搅拌				
		第二次、第三次搅拌				
		降温降压、取出上壶				
		倒咖啡液入杯				
5	成品	味道、颜色				
6	服务	装杯入碟、配勺				
		对客服务				
7	清洁	对器具进行清洗、归位，对操作区域进行清洁				
8	完成时间	分，秒				

技能评价

综合评价：

拓展阅读

咖啡豆加工处理方法

将咖啡果去掉外面的果皮、果肉，剩下的就是咖啡豆。咖啡豆的加工方法可以分为日晒法、半水洗法和水洗法三种，历经选豆、去果肉、发酵、水洗、干燥、脱壳六道工序。

所选用的方法对于咖啡的最终价值和质量具有重大的影响。这一处理过程最传统的方法就是日晒法，用这种方法加工出来的咖啡豆叫作日晒豆（Dry Beans），或称为自然豆（Natural Beans）。后来人们为了提高咖啡豆的加工品质，又发明了一种比较好的办法，就是水洗法。用水洗法加工出来的咖啡豆叫作水洗豆（Washed Beans）。介于日晒法和水洗法之间还有一种半水洗法。三者的区别如下：

加工方法	选豆	去果肉	发酵	水洗	干燥	脱壳
日晒法	√				√	√
半水洗法	√	√			√	√
水洗法	√	√	√	√	√	√

干燥法用于未经洗过的咖啡豆。湿处理法用于彻底清洗过的或半清洗过的咖啡豆。除了在巴西和埃塞俄比亚比较普遍地使用干燥法之外，大多数阿拉伯咖啡豆都是用湿处理法加工的。在印度尼西亚，有一些罗布斯特豆用湿处理法加工，但是这在当地并不普遍。

任务五　比利时皇家咖啡壶冲煮咖啡

学习目标

知识目标： 能记住比利时皇家咖啡壶冲煮咖啡的方法，独立完成比利时皇家咖啡的制作。

能力目标： 会观察——能发现教师使用比利时皇家咖啡壶冲煮咖啡过程中的技能要点；

会归纳——能整理总结比利时皇家咖啡壶冲煮咖啡的方法；

会操作——能灵活使用比利时皇家咖啡壶冲煮咖啡；

会合作——能互相协助完成各个环节的任务。

情感目标： 体验咖啡制作的“艺术”情感，增强自己的人际魅力。

学习任务

一、比利时皇家咖啡的故事

比利时皇家咖啡壶，又名维也纳皇家咖啡壶或平衡式塞风壶（Balancing Siphon），是 19 世纪中期欧洲各国皇室的御用咖啡壶，发明人是英国造船师傅 James Napier。

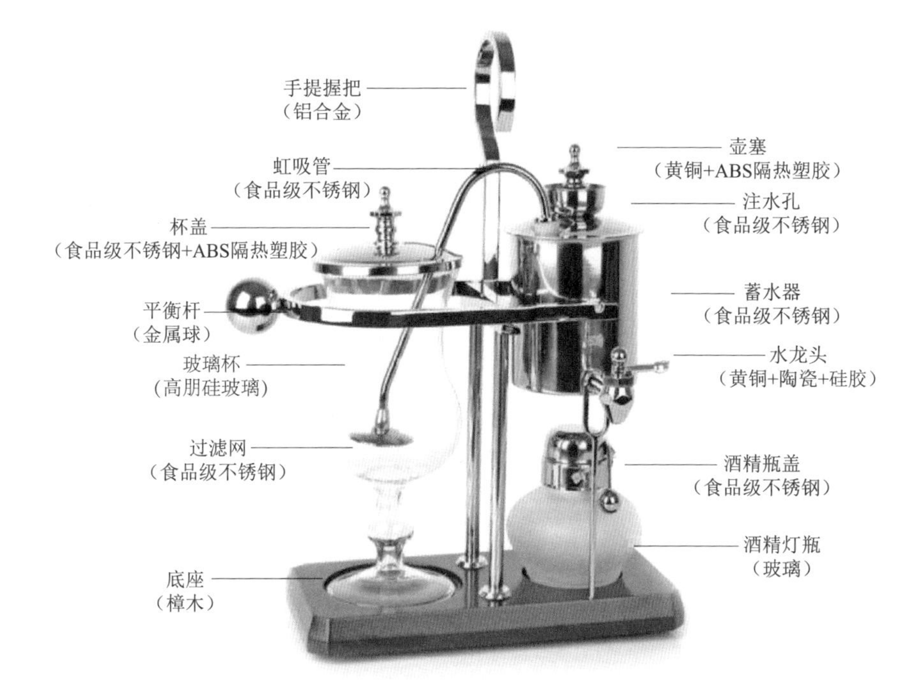

这种壶以真空虹吸的方式冲煮咖啡，利用杠杆原理将冷热交替时产生的压力转换带动咖啡壶的机械部分运动。比利时咖啡壶由一个放咖啡粉的透明玻璃壶和一个煮开水镀镍或镀银的密闭式金属壶组成，两者中有一个连接真空虹吸管。

喝咖啡是理性与感性的游戏，想让居家咖啡喝得更有情调，不能不认识比利时咖啡壶。比利时咖啡壶早在 19 世纪已经是比利时皇室的御用咖啡壶。为了彰显皇家气派，比利时工匠费心打造这把造型优雅的壶具，包金铸铜，把原本平凡无奇的咖啡壶打造得光灿耀眼、体面非凡，仿佛与生俱来有一股贵族气。

19 世纪 50 年代的欧洲社会名流不只要求最好的烹调技术，同时也要求精致的手工艺术，比利时的巧匠光耀了这历史传统，并将之翔实记录下来，流传至今。故这具有专利的皇家虹吸式咖啡壶不仅拥有完美的咖啡制作过程，且本身就是一件艺术品。

比利时皇家咖啡壶其外表只是历史的一半，虹吸管本身亦相当值得探讨。它结合了数种自然的力量：火，蒸汽，压力，重力，这些使得比利时皇家咖啡壶的操作感觉更具可看性。整个调煮过程有如上演一出舞台剧的咖啡器，因为炫目华丽的外表，加上噱头十足的操作乐趣，大大增加了咖啡感性浪漫的分数。比利时壶，不仅因其外观精美、华丽而成为高档工艺品，而且因其工作原理奇特，使得整个制作咖啡的过程就像一台展现个人煮咖啡技术的魔术表演，新颖且令人赞叹。

二、比利时皇家咖啡壶的结构

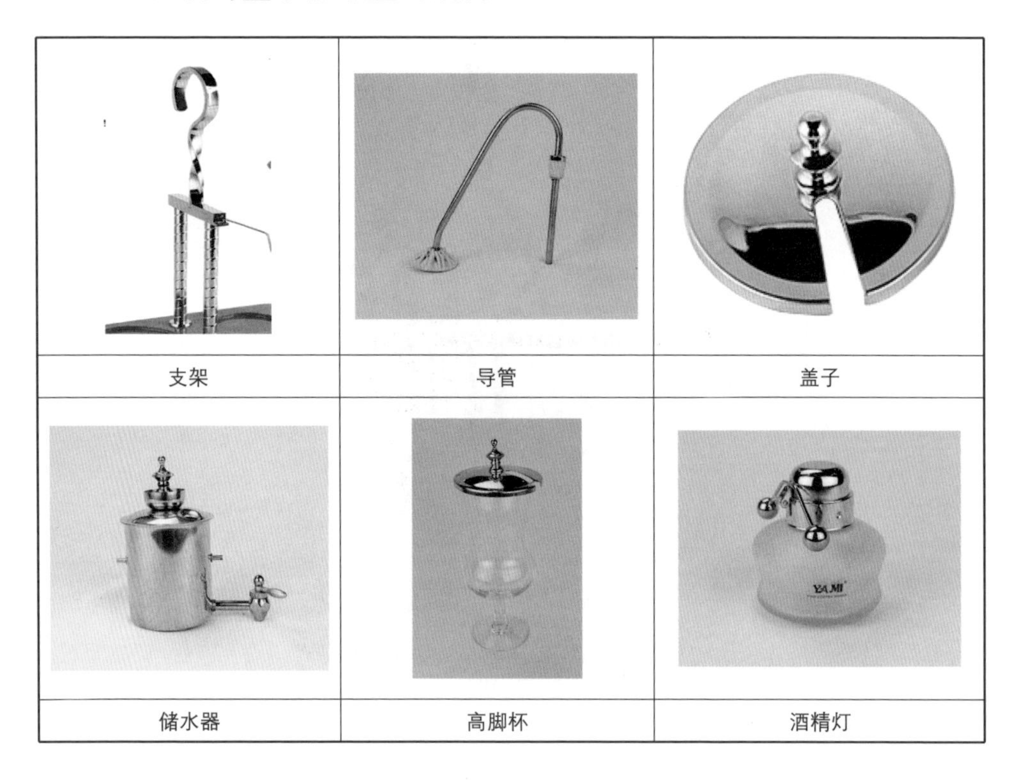

三、制作咖啡

1. 材料准备

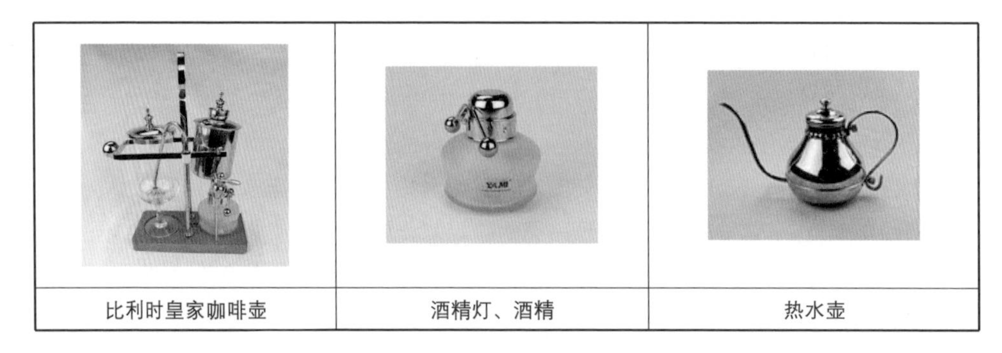

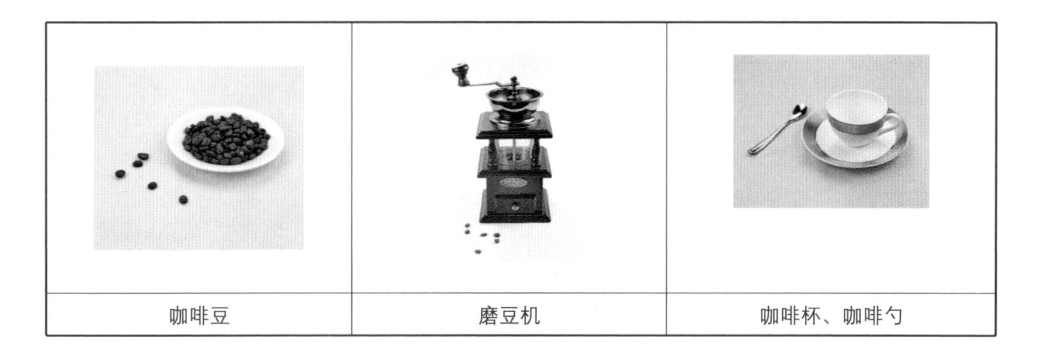

咖啡豆	磨豆机	咖啡杯、咖啡勺

仪容仪表准备：与课人员身着职业装，保持手部卫生，符合职业仪容仪表要求。

2. 操作流程

序号	操作步骤	图　示	操作说明
1	装酒精		将酒精灯盖逆时针转动打开，加入95%液体酒精。取出过滤布，把滤布包裹在虹吸壶滤头上
2	注水		将虹吸壶盛水壶，需将虹吸管密封的硅胶轻轻压在盛水壶上（为佳）。逆时针转开注水口螺帽，倒入开水，然后拧紧注水口螺帽
3	研磨		将咖啡豆磨成咖啡粉

续表

序号	操作步骤	图　示	操作说明
4	投粉		把咖啡粉放入玻璃杯，盖上玻璃杯盖子
5	煮咖啡		把酒精灯盖在盛水壶壁上，点燃酒精灯。约 5 min 左右，水就会从盛水壶流到玻璃杯里面，这时酒精灯自动熄灭，受虹吸现象影响，咖啡会从玻璃杯里面自动流入盛水壶。然后转开注水口让空气对流，在水龙头底下放一个咖啡杯，打开水龙头，咖啡就流出来了
6	倒咖啡		现在就可以享受咖啡了

四、比利时皇家咖啡壶冲煮的原理

兼有虹吸式咖啡壶和摩卡壶特色的比利时壶，演出过程充满跷跷板式趣味。从外表来看，它就像一个对称天平，右边是水壶和酒精灯，左边是盛着咖啡粉的玻璃咖啡壶。两端靠着一根弯如拐杖的细管连接。

当水壶装满水时，天平失去平衡向右方倾斜；等到水滚了，蒸气冲开细管里的活塞，顺着管子冲向玻璃壶，跟等待在彼端的咖啡粉相遇，温度刚好是咖啡最喜爱

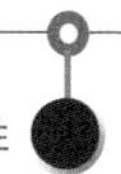

的 95 ℃。待水壶里的水全部化成水汽跑到左边，充分与咖啡粉混合之后，因为虹吸原理，热咖啡又会通过细管底部的过滤器，回到右边老家，把渣滓留在玻璃壶底。

这时候打开连着水壶的水龙头，一杯香醇完美的咖啡就出炉了。

技能训练

学生分小组练习比利时皇家咖啡壶冲煮咖啡。模拟工作场景，向客人介绍比利时皇家咖啡壶的来历以及特点。其他同学对调制过程及制作后的咖啡进行观察和评价。

比利时皇家咖啡壶冲煮咖啡实操训练

序号	评价项目	评价标准	完成情况			
			好	中	差	改进方法
1	仪容仪表	（1）头发干净、整齐，发型美观大方。女士淡妆，男士不留胡须及长鬓角，使用无味的化妆品； （2）手及指甲干净，指甲修剪整齐，不涂有色指甲油； （3）着装符合岗位要求，整齐干净，不佩戴过于醒目的饰物				
2	准备工作	准备器具和材料				
3	介绍	能对每一步骤进行清晰的讲解并说明要点				
4	操作步骤	装热水				
		磨咖啡豆、投粉				
		组装虹吸管				
		点火加热				
		咖啡萃取				
		倒咖啡液入杯				
5	成品	味道、颜色				
6	服务	装杯入碟、配勺				
		对客服务				
7	清洁	对器具进行清洗、归位，对操作区域进行清洁				
8	完成时间	分，秒				

技能评价

综合评价：

拓展阅读

咖啡豆的烘焙

将生咖啡豆烘焙，使咖啡豆呈现出独特的咖啡色、香味与口感。烘焙最重要的是能够将豆子的内、外侧都均匀地炒透而不过焦。咖啡的味道80%取决于烘焙，是冲泡好喝咖啡最重要也最基本的条件。

一、烘焙的4大分类

（一）肉桂烘焙（Cinnamon Roast）

这是最轻度的一种烘焙。在咖啡豆的表层没有油脂。大型的咖啡豆制造商往往将这种轻度烘焙的咖啡豆混到出售的咖啡豆里。因为这样做既可以节省开支又可以增加数量。肉桂烘焙的咖啡豆通常不会出现在都市烘焙。

“都市烘焙”（City Roast）的名字最早出现在19世纪。通常意味着“浓”。不过随着时间的推移，人们烘焙的咖啡豆的颜色越来越深，那么新名字的出现也就成为必然。今天“都市烘焙”只是比“肉桂烘焙”的颜色深一点，人们用“Full City”来表示中度烘焙的咖啡豆，在颜色上它微深于“肉桂烘焙”，其表层也没有油脂。

（二）维也纳烘焙（Vienna Roast）

这是一种中度烘焙。习惯上讲，维也纳烘焙出来的咖啡豆是一种混合的咖啡豆，来自不同的烘焙时间。但事实上咖啡豆在这个烘焙时期豆身内部的油脂刚刚在表层出现，在表层上表现为深棕色的斑点。

（三）意大利烘焙（Italian Roast）

这是更下一级。在这时咖啡豆的表面油脂覆盖过半。咖啡豆的颜色是清一色的奶油巧克力的棕色。意大利烘焙在浓淡选择、烘焙色泽上因地而异。

（四）法式烘焙（French Roast）

欧洲人喜欢用的咖啡豆通常要烘焙到咖啡豆的表面布满了油脂，颜色像苦巧克力，这个阶段咖啡豆已经很严重地炭化了，一种咖啡豆与另一种咖啡豆的口味已经很难辨出，口味比较浓重。

二、烘焙咖啡豆的8个阶段

咖啡豆的烘焙大致可分为轻、中、深三大类，而这三类烘焙又可细分为8个阶段，如下表所示。

特　征	各国的喜好	8阶段
最轻度的烘焙，无香味及浓度可言	试验用	轻
一般通俗的烘焙，留有强烈的酸味，豆子呈肉桂色	为美国西部人士所喜好	轻
中度烘焙，香醇，酸味可口	主要用于混合式咖啡	中度
酸味中带有苦味。适合蓝山及乞力马扎罗等咖啡	为日本、北欧人士喜爱	中度（微深）
苦味较酸味浓，适合哥伦比亚及巴西的咖啡	深受纽约人士喜爱	中度（深）
适合冲泡冰咖啡。无酸味，以苦味为主	中南美人士饮用	微深
法式烘焙法。苦味强劲，色略带黑色	用于蒸汽加压器煮的咖啡	深度
意大利式的烘焙法。色黑、表面泛油	意大利式蒸汽加压咖啡用	重深度

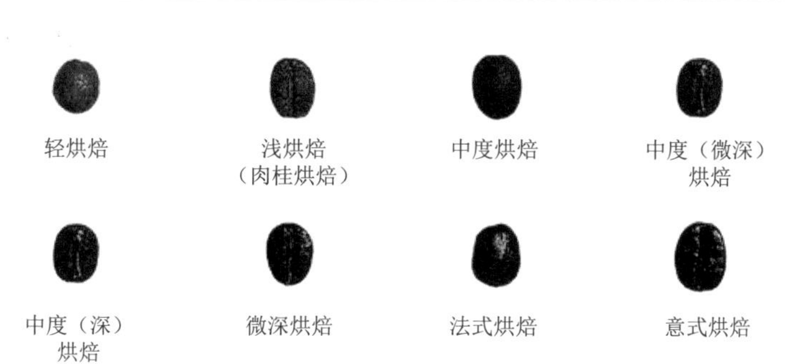

任务六　摩卡壶冲煮咖啡

学习目标

知识目标： 能记住摩卡壶冲煮咖啡的方法，能运用摩卡壶冲煮咖啡。

能力目标： 会观察——能发现教师使用摩卡壶冲煮咖啡过程中的技能要点；

会归纳——能整理总结摩卡壶冲煮咖啡的方法；

会操作——能灵活使用摩卡壶冲煮咖啡；

会合作——能互相协助完成各个环节的任务。

情感目标： 与其他人交流咖啡制作经验，提高自己内在的咖啡文化修养，养成良好的职业习惯。

学习任务

一、摩卡壶的小故事

摩卡壶（Moka Pot）是一种用于萃取浓缩咖啡的工具，在欧洲和拉丁美洲国家普遍使用，在美国被称为“意式滴滤壶”。

摩卡壶是两层结构，放在下半部分的水煮开沸腾后，就会通过装有咖啡粉的网状滤器喷入壶的上半部分。虽然没有使用气压就能将热水注入中细度研磨的咖啡粉中，但严格来说这不能算是浓缩式萃取，而是比较接近滴漏式，但摩卡壶做出的咖啡仍然具有意大利咖啡Espresso的浓度和风味。

最早的摩卡壶是意大利人Alfonso Bialetti在1933年制造的，他的公司Bialetti一直以生产这种名为“Moka Expres”的咖啡壶而闻名世界。

传统的摩卡壶是铝制的，可以用明火或电热炉具加热。由于这种铝制的摩卡壶不能在电磁炉具上加热，所以现代摩卡壶大多使用不锈钢制造，还出现了像电水壶一样的电加热摩卡壶。

二、摩卡壶结构图

上座	底座	粉碗

三、制作咖啡

1. 材料准备

摩卡壶	水壶	咖啡粉	滤纸
荧光炉（或瓦斯炉）	咖啡杯、咖啡勺	毛巾	

仪容仪表准备：与课人员身着职业装，保持手部卫生，符合职业仪容仪表要求。

2. 操作流程

序号	操作	图　示	操作说明
1	加入热水		在下壶加入温热水，水位在安全阀以下，切勿超过安全阀
2	放入粉碗		将研磨好的咖啡粉放入粉碗，铺平

续表

序号	操作	图　示	操作说明
3	放入滤纸		放入滤纸
4	旋紧上下壶		将上下壶旋紧，以免萃取过程中热水溢出来
5	加热		用瓦斯炉（还可用酒精灯、煤气灶、电磁炉。注：具体以摩卡壶为准）开始加热，煮咖啡的时候打开最上面的盖子边煮边看，当出咖啡的管口没有咖啡流出了，喷出来的都是气体，并发出嘶嘶声，就表示咖啡出完了，应该马上关火，以防下壶内烧干

续表

序号	操作	图　示	操作说明
6	斟倒咖啡		将煮好的咖啡倒入准备好的咖啡杯中

四、摩卡壶的原理

摩卡壶是利用火力或电磁炉等热源对下壶的水和空气进行加热至高温状态产生水蒸气，水蒸气产生一定的压强后强迫高温水流通过中空导管升至装满咖啡粉的滤斗来萃取咖啡，然后继续沿中空导管升至上壶流出，从这个过程可以看出摩卡壶是高温产生高压，类似于我们平日熟悉的高压锅原理。

技能训练

学生分小组练习摩卡壶冲煮咖啡。模拟工作场景，向客人介绍摩卡壶的来历以及特点。其他同学对调制过程及制作后的咖啡进行观察和评价。

摩卡壶冲煮咖啡实操训练

序号	评价项目	评价标准	完成情况			
			好	中	差	改进方法
1	仪容仪表	（1）头发干净、整齐，发型美观大方。女士淡妆，男士不留胡须及长鬓角，使用无味的化妆品； （2）手及指甲干净，指甲修剪整齐，不涂有色指甲油； （3）着装符合岗位要求，整齐干净，不佩戴过于醒目的饰物				
2	准备工作	准备器具和材料				
3	介绍	能对每一步骤进行清晰的讲解并说明要点				
4	操作步骤	加温热水				
		研磨				

续表

序号	评价项目	评价标准	完成情况			
			好	中	差	改进方法
4	操作步骤	投粉				
		滤纸				
		上下壶旋紧				
		煮咖啡				
		倒咖啡液入杯				
5	成品	味道、颜色				
6	服务	装杯入碟、配勺				
		对客服务				
7	清洁	对器具进行清洗、归位，对操作区域进行清洁				
8	完成时间	分，秒				

技能评价

综合评价：

拓展阅读

咖啡杯测

“杯测”（Cup Testing，或称为Cupping，Tasting、Cup Tasting等）有各式各样的方法，由于国际上并没有统一的规则，因此生产国、消费国、企业或者个人都可依据各自的情形选择适合的杯测方式。

1. 巴西式杯测法

目前所见到的“杯测”方式皆是以“巴西式”为基准衍生出来的。

那么，什么是“巴西式杯测法”呢?

首先将烘焙好的咖啡中度研磨，取 10 g 放入杯中，注入 150 mL 的热水。咖啡的烘焙度是“焦糖化测定器”(咖啡常用术语) 数值的 65 左右，约属“肉桂烘焙”(在美国则属浅、中度烘焙) 的程度。“Agtron”是美国主要使用的烘焙度指标，以特殊的色差仪测量烘焙度。

烘焙度	数据范围	颜色组值
极浅烘焙	100 95	Tile#95
浅烘焙	90 85	Tile#85
适度浅烘焙	80 75	Tile#75
微中烘焙	70 65	Tile#65
中烘焙	60 55	Tile#55
中深烘焙	50 45	Tile#45
深烘焙	40 35	Tile#35
极深烘焙	30 25	Tile#25

接着，将浸入热水中的咖啡粉用汤匙搅拌，闻闻香味。下一步是去除泡沫，以试匙舀起一匙咖啡液送入口中。为了确认咖啡液的瑕疵，将液体吸入上颚，让咖啡液在口中呈雾状散开。这种方式不太优雅，但是这么做可以确认异味。

根据这一连串的感官审查后将咖啡分级，分级的基准是“温和 (Soft)”、“艰涩”(Hard)、碘“味”三项。“温和”是指具有柔顺且优雅的酸味和浓厚的醇度，“艰涩”是指像柿子一样的涩味，“碘味”就是石碳酸之类的味道。

以上是巴西式杯测法的感官审查，不过最近这种方式已经不流行，原因是消费国 (特别是美国) 认为:“巴西的评价标准并不能得知与咖啡美味相关的风味特征与优点。”

巴西并非不知道消费国的评语，他们也有话要说。原因在于巴西的杯测方式主要目的是找出瑕疵味，原本就不是为了评价咖啡个性与优点的系统。用巴西式杯测法找出瑕疵点然后分级的方式，称为“消极性杯测”（Negative Testing）；相反的，以正面评价咖啡特性、个性的方式，称为“积极性杯测” （Positive Testing）。

两种方法各有其目的与用途，但今日已是高品质精品咖啡登场的时代，过去那种寻找瑕疵点的负面评价方式已经缺乏意义，取而代之，积极评价咖啡个性与香味的方式才是时代主流。

身为巴西咖啡最大进口国的美国已将评价方式由“消极性杯测”改为“积极性杯测”，巴西也被迫大幅修正它的评价基准。原本以最普通的商业咖啡作为国际交易市场主力的巴西经过几次实验失败后，终于将“Cup of Excellence”（COE，优质咖啡）的评价方式通过巴西的生产企业传到全世界。由此可见“积极性杯测”方式着实已成为主流。

巴西式的感官审查普遍适用于世界的多数消费国。杯测所使用的烘焙度设定为“肉桂烘焙”，因为这个烘焙度能够确实预测出浅度烘焙与深度烘焙时的味道变化。咖啡随着烘焙度愈深，挥发的成分愈多，味道会改变，因此选择成分挥发前的烘焙度，也就是以浅度烘焙来作杯测。

事实上还有另一个原因。巴西咖啡的最大进口国是美国。美国进入20世纪80年代后是浅度烘焙，也就是美式咖啡的全盛期。生产国巴西在杯测时会配合美国的习惯使用浅度烘焙也是理所当然的事。如果当时美国的烘焙方式是更深的，那么巴西的杯测烘焙度必然更深。

将适合浅度或者肉桂烘焙的咖啡改用法式或是意式烘焙并列入菜单，是相当冒险的事情。因为即使浅度烘焙后风味绝佳，也并不表示该咖啡适合深度烘焙。

因此杯测不一定要统一采用巴西式杯测的肉桂烘焙度，适合深度烘焙的咖啡杯测时还是使用深度烘焙较佳。

生豆浅度烘焙后可以清楚发现它内含的瑕疵味。未成熟豆等一旦深度烘焙就和普通豆子一样难以判别不同了，浅度烘焙可以轻易从外表上分辨出它们的不同。

对于第一次使用的生豆，首先用浅度烘焙，然后杯测，味道好的话就将它烘焙到预定的烘焙度，再一次杯测。浅度烘焙的杯测具有相当的优势，但是光知道瑕疵味，并不代表了解整体的味道。不论何种咖啡要进行杯测，最好将它烘焙到第二次爆裂期，因为在第二次爆裂的前期，会产生丰富的香味与美味。

虽然SCAA（美国精品咖啡协会）的香味评价采用Agtron50左右（城市烘焙）的烘焙度，但是咖啡的丰富风味没有进入第二次爆裂期是不会出现的。

COFFEE TASTER'S FLAVOR WHEEL

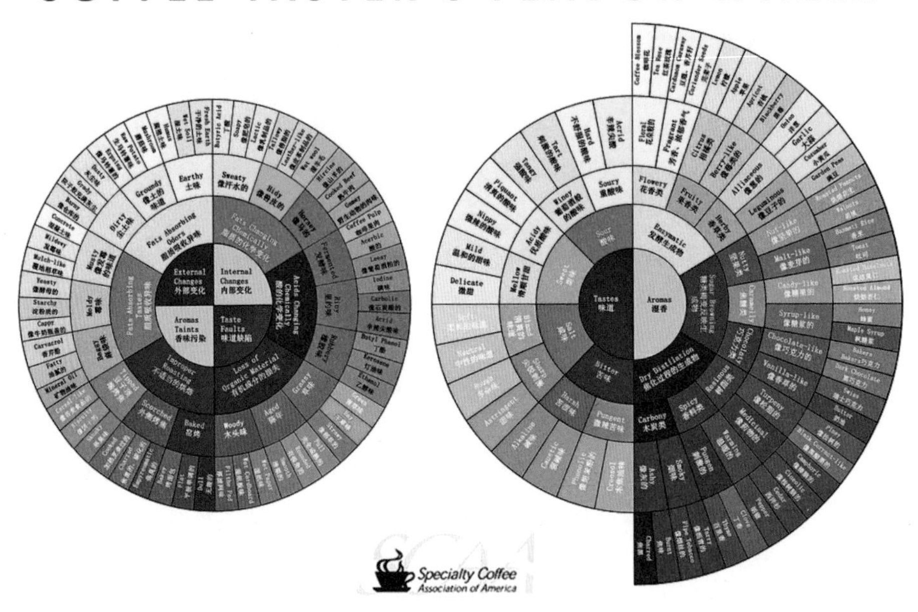

2. SCAA 式的杯测方法

杯中放入中度研磨的咖啡粉（约 8 g），摇晃一下闻闻香气（Fragrance）。注入 150 mL 的热水蒸煮 3 min，将膨胀成圆丘状的咖啡粉层以汤匙切开。此时将鼻子凑近杯子，闻闻刚煮好的咖啡香味（Aroma）。

接下来用汤匙将咖啡液上层的泡沫除去，稍微静置一下，再用汤匙舀一匙咖啡液，将咖啡吸入口中，使咖啡液在口中呈雾状散开。确认过香气后将咖啡液吐出。依序评价咖啡稍热时、稍冷时、冷却后的味道。要评价的项目如下：

干香气 Fragrance（咖啡粉的香味）；

湿香气 Aroma（咖啡液的香味）；

甘甜 Sweetness；

清爽的酸味 Acidity；

风味 Flavor。

3. 推荐咖啡杯测方法

准备中度研磨的咖啡粉 10 g，约 85 ℃的热水 150 mL，以一般的滤纸滴滤法制作出一人份的咖啡，将萃取出的咖啡液注入杯中，以试匙杯测，测验完后的咖啡液即丢掉，进行下一次杯测，虽然差别不大，但仍可明显看出独有的咖啡杯测方法与巴西式或者 SCAA 式的不同。主要差别如下：

（1）烘焙度在二次爆裂以上；

（2）使用萃取器具；

（3）确认项目少。

巴西式杯测是对含有瑕疵豆的咖啡进行测试，再依此判断是否属于可以出口的范围。但是这里百甜汇咖啡培训使用的咖啡杯测方法一开始就先手选过了，因此不会测试到瑕疵豆的味道，故杯测的项目较少。

在使用的咖啡杯测方法中，以下几个项目是初学者必须学会判断的。

苦味、酸味、甜味、涩味、风味、浓度。

“风味”用“香味”表示也可以，风味主要是指含在口中时的味道。鼻子闻到的味道与含在口中的味道明显不同。

说到“浓度”或许有点难以理解，事实上使用同样分量的咖啡粉萃取出的等量咖啡液，也会有口感浓厚或者清淡的不同。

SCAA式杯测的评价项目中有一项“醇厚度”（Body），这项测验方式是将咖啡瞬间滑过口中喝下，再来评断它在口中的触感。而这里所说的“浓度”是更深入的东西，因为浓厚度或者黏稠度等口感，都是来自喝咖啡液中含有的油脂成分、纤维成分、蛋白质，这些成分融入咖啡液的部分少，咖啡味道就会偏清淡。

三种杯测方式相比，最显著的不同在于“使用萃取器具”这点。

巴西式与SCAA式的杯测都只是将热水倒入咖啡粉中，没有使用特殊的工具。这是为了配合多数的企业与消费者，不过这种方式虽然可以确认咖啡粉中含有的各种味道与香气，味道的平衡却无从得知。

任务七　冰滴壶冲泡咖啡

学习目标

知识目标： 能记住冰滴壶制作咖啡的方法，能运用冰滴壶制作咖啡。

能力目标： 会观察——能发现教师使用冰滴壶制作咖啡过程中的技能要点；

会归纳——能整理总结冰滴壶制作咖啡的方法；

会操作——能灵活使用冰滴壶制作咖啡；

会合作——能互相协助完成各个环节的任务。

情感目标： 领悟咖啡制作的精髓，学会享受咖啡制作的过程。

学习任务

一、冰滴壶的小故事

冰滴壶也称水滴咖啡、冰酿咖啡，是一种制作咖啡饮品的方式。冰滴式咖啡使用冰水、冷水或冰块萃取咖啡，这个过程十分缓慢，往往要进行数小时之久，因此冰滴式咖啡的价格较为昂贵。

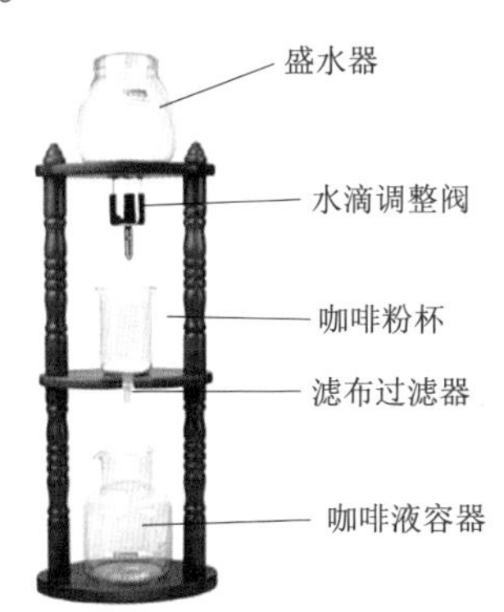

咖啡粉百分之百低温浸透湿润，萃取出的咖啡口感香浓、滑顺、浑厚，令人赞赏；所呈现的风味更是出类拔萃。调节水滴速度，使用冷水慢慢滴漏而成，以 5 ℃低温，长时间滴漏，让咖啡原味自然重现。

冰滴式咖啡的优点为不酸涩、不伤胃，因为利用此法制作咖啡，所选用的咖啡豆多为如曼特宁的深焙咖啡豆，由于“浅焙香而酸，深焙苦但浓”，因此，冰滴式咖啡不酸。选用深焙咖啡豆的另一个原因是，冰咖啡制成后会加入冰块稀释，因此必须选择深焙豆来滴滤以免不够浓郁。

而水滴式咖啡口感之所以不涩，便是因为使用冷水。其他咖啡冲煮法多使用热水冲煮，而温度太高的热水会使咖啡中某些化学物质分解出来，释出涩味，而水滴式咖啡完全以冷水滴滤，咖啡百分之百浸透湿润，萃取出的咖啡口感滑顺而不酸涩。

二、冰滴壶的结构

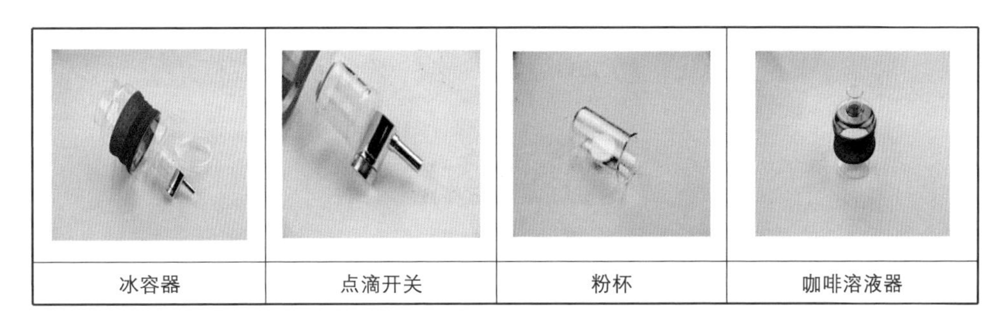

冰容器	点滴开关	粉杯	咖啡溶液器

三、用滴滤杯制作咖啡

1. 材料准备

冰滴壶	滤纸	冰块	冰水	秒表
磨豆机	量水杯	咖啡杯、咖啡勺	咖啡豆	电子秤

仪容仪表准备：与课人员身着职业装，保持手部卫生，符合职业仪容仪表要求。

2. 操作流程

序号	操作步骤	图　示	操作说明
1	放入咖啡粉		称取大约 10 g 咖啡豆，进行中细研磨。把湿润的圆形滤纸平铺在中壶底部，并倒入研磨好的咖啡粉，将中壶侧边轻拍几下，可将咖啡粉表面调至整平，再把中壶固定在台架上

续表

序号	操作步骤	图　示	操作说明
2	放入冰和水		关闭水滴调节阀门，把上壶固定在台架上，往上壶放入冰块和水，总量控制在100~200 mL（应先放冰块，不可直接注入沸水，应放入冷水；如有加冰块，应扣除等量的水，以免水量过多，造成萃取过度。因滴漏时间较长，放入适量的冰块时，可分开放入，保持低温萃取，如此风味更佳）
3	调整阀门开关		注水加冰完成后，打开调整阀开关，调节滴漏速度。先以每秒2滴左右的速度让水滴入下方中壶，将咖啡粉和滤纸充分浸润
4	匀速萃取		带咖啡粉的滤纸被浸润后，调整调节阀，借助秒表计时，把水滴速度控制在每分钟40滴，开始匀速萃取，每2 h调整一次流速。在水滴落的过程中，会看到中壶下方的蛇形滴漏管的尽头慢慢有咖啡液滴出，滴入其下的咖啡壶内（水滴流速过快，咖啡粉上有积水现象，容易溢出，进而导致咖啡的萃取不足，造成味道过淡。水滴流速过慢、温度较高、滴漏时间较长时，咖啡会发酵，产生酸味及酒味）

续表

序号	操作步骤	图　示	操作说明
5	萃取结束		漫长的冰滴壶咖啡制作过程将会延续下去，直至上壶的冰水混合物滴过中壶，继而落入中壶，整个萃取过程结束
6	饮用咖啡		将萃取结束的咖啡倒入咖啡杯中即可饮用

四、冰滴壶咖啡的冲泡原理

冰滴壶咖啡的操作法就像名字一样，不是用热水，而是用常温的水来冲咖啡。咖啡豆中能够溶解于热水的成分，一定程度上也能够溶解于常温的水中，只是溶解的时间会很长，需要浸泡几个小时甚至十几个小时。

冰滴壶咖啡的特点是味道温和，这是因为带来厚重感味道的苦味没有溶解到水中。另外，含香味的成分也不易溶于水。

技能训练

学生分成小组，各小组选一位组长带领组员，完成准备工作、咖啡研磨、冰滴壶咖啡萃取、咖啡出品、咖啡服务等工作。其他同学对调制过程及制作后的咖啡进行观察和评价。

冰滴壶制作咖啡实操训练

序号	评价项目	评价标准	完成情况			
			好	中	差	改进方法
1	仪容仪表	（1）头发干净、整齐，发型美观大方。女士淡妆，男士不留胡须及长鬓角，使用无味的化妆品； （2）手及指甲干净，指甲修剪整齐，不涂有色指甲油； （3）着装符合岗位要求，整齐干净，不佩戴过于醒目的饰物				

续表

序号	评价项目	评价标准	完成情况			
			好	中	差	改进方法
2	准备工作	准备器具和材料				
3	介绍	能对每一步骤进行清晰的讲解并说明要点				
4	操作步骤	组装滤器				
		加咖啡粉				
		装滤纸				
		注冰水、冰块				
		调节水滴速度				
		萃取咖啡				
		倒咖啡液入杯				
5	成品	味道、颜色				
6	服务	装杯入碟、配勺				
		对客服务				
7	清洁	对器具进行清洗、归位，对操作区域进行清洁				
8	完成时间	分，秒				

技能评价

综合评价：

拓展阅读

咖啡品鉴、咖啡风味

一、咖啡品鉴

咖啡杯评有六个步骤，描述咖啡的香气、香味、味道、气味、回味和醇度。

1. 香气（Fragrance）

杯评的第一步是评价咖啡豆的香气。研磨 8.25 g 的咖啡，放在 3~5 只样品杯子里，然后用力吸闻被刚刚粉碎的咖啡细胞所释放出来的气体。

香气的特点表明咖啡豆的味道本质：甜的气味表明它的味道是酸的；刺鼻的气味表明它的味道是刺激的。香气的力度表明咖啡的新鲜度，即咖啡豆从焙制好到研磨成粉之间放置的时间。

香气由最具挥发性的芳香化合物组成，特别是那些含硫化合物，如甲基硫醇。如何能把这些物质保留在咖啡豆里，人们目前所能做到的微乎其微。

2. 香味（Aroma）

杯评的第二步是检查咖啡水的香味。首先，在新鲜研磨的咖啡粉里倒入 150 mL 的快烧开的新鲜（氧化）水，让咖啡粉在水中浸泡 3~5 min。咖啡粉会在水的上面形成一层帽状的外壳。

用咖啡勺用力搅拌咖啡，搅碎帽状外壳。这时，将咖啡粉因热水的高温释放出来的气体用力吸入鼻腔，使鼻隔膜感受到全面的香味：从水果味、草味，到坚果味。杯评的经历会使杯评者将咖啡依各种咖啡气味的记忆进行分类。将来可按气味的不同区分不同种的咖啡。

3. 味道（Taste）

仔细体味新煮制的咖啡的味道是杯评咖啡的第三步。使用一只特制的咖啡勺，一般是容量为 8~10 cc① 的圆汤勺。最好是镀银的，可以迅速散热。取出 6~8 cc 的咖啡水放到嘴的跟前，并用力啜入咖啡。快速吸入咖啡，使其均匀分布在舌头的表面。所有的感官神经末端会同时对甜、咸、酸和苦味做出反应。

由于温度影响到刺激的程度，留意舌上不同敏感区域的反应能帮助抓住不同的特征。例如，因为温度会降低对糖的甜味的敏感，酸性的咖啡开始时会在舌尖上产生刺感而不是发甜。将咖啡含在嘴里 3~5 s，集中注意味道的类型和强度。以这种方式，一级的和二级的味道特征能被评估出来。

① 1 cc=1 mL。

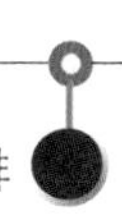

4. 气味（Nose）

第四步与第三步是同时的。通过舌头的表面吸入咖啡。由于水汽气压的变化，使水中一部分有机物从液态变为气态。用力吸咖啡的动作使气体进入鼻腔，杯评者得以分析咖啡的气味。

同时评价咖啡的味道和气味，使杯评者感受到咖啡的独特的味觉（flavor）特征。标准焙制的咖啡通常带有焦糖化产品的口味，而深度焙制的咖啡通常带有干馏法制出的产品的口味。

5. 回味（Aftertaste）

第五步是把咖啡水在口中含几秒钟，然后咽下一小部分。迅速嘬咽喉把留在后腭的水汽送入鼻腔，可以发现留在后腭的较重分子的气味。

回味阶段感觉到的各种化合物的香味是甜的，类似巧克力味；或是篝火烟味，或是雪茄烟味；有时，会有类似刺激的香料味，例如丁香味；有时像树脂，类似松脂味；有时，这几种气味都有。

6. 醇度（Body）

杯评的最后阶段是评价咖啡水的口感。舌头轻轻地滑过口腔的上腭，感受咖啡的质感。凭对油质、顺滑程度的感觉，可以测量咖啡水中的脂肪含量，而凭对咖啡的“重”、厚及黏性的感觉，可测量出咖啡的纤维和蛋白质含量。两者构成了咖啡的醇度。

当咖啡水凉下来以后，重复步骤3~5，味道、气味和回味至少2~3遍。让咖啡的温度降下来，补偿温度对咖啡基础味道的影响。所以，对咖啡味道的更精确的印象是通过反复的品尝获得的。

咖啡杯评时，每一种咖啡样品都要准备3~5杯，同时评品。这样可以发现同一个样品里杯与杯之间的一致性和相似性。在评估一致性时，杯评者要评估出一大批咖啡品质是否一致。它们之间的味道差异说明咖啡存在严重的质量问题。

在品尝多品种的咖啡时，杯评者会将没有咽下去的咖啡吐到痰盂里。除此之外，最好用温水漱口，这有助于清理口腔，为品尝下一种咖啡做准备。每一位杯评者在出现嗅觉和味觉疲劳之前，可以有效品评的咖啡样品种类的数量是有限的。

二、咖啡风味

1. 夏威夷咖啡

夏威夷咖啡属于夏威夷西部火山所栽培的咖啡，果实异常饱满，咖啡的口味浓郁芳香，并带有肉桂香料的味道。

2. 哥伦比亚咖啡

哥伦比亚咖啡带有明朗的优质酸性，具有坚果味，令人回味无穷，隐约像女人的娇媚，迷人且恰到好处。

3. 蓝山咖啡

蓝山咖啡微酸、柔顺、带甘、风味细腻的咖啡，就像一个精致的女人，细细品味，才知道其香醇。

4. 瓜地马拉

瓜地马拉也是我们常说的危地马拉，以丰富多变的酸性著称，芳香高雅。

5. 哥斯达黎加咖啡

哥斯达黎加的咖啡豆都是被厚厚的火山灰培育出来的，因此有活泼的酸度，风味温顺而且入口清爽。

6. 摩卡咖啡

摩卡咖啡润滑中甘性特佳，细细品尝，会品到具有贵妇人的巧克力气息，是极具特色的纯品咖啡。

7. 巴西咖啡

巴西咖啡甘、苦属中性、带适度酸性，口味高雅而特殊，有淡淡的芳草香气。

8. 曼特宁

曼特宁是产自印尼苏门答腊的最具代表性的咖啡，香、浓、苦是它的特色，风味精致、浓郁而不失柔顺。

9. 瑞士综合咖啡

瑞士综合咖啡是由肯尼亚咖啡与哥斯达黎加咖啡搭配而来，圆润厚实的口感似浓郁的巧克力般顺滑，主要作为花式咖啡的基底咖啡。

10. 意大利咖啡

意大利咖啡是拼配出来的口感，以浓厚、香醇为特色，适合做 Expresso 等口味偏重的咖啡。

11. 爪哇咖啡

爪哇咖啡产于印尼的爪哇岛，苦而浓郁、甜香醇，苦而涩的微妙结合，是非常有个性的一种风味。

12. 炭烧

炭烧是一种重度烘焙的咖啡，强烈的焦苦和甘醇、独特的炭烧香味可以迅速提升精力。

13. 低因咖啡

低因咖啡是通过技术手段，抽取掉咖啡因的咖啡，让您在享受咖啡美味的同时不必再担心摄入过多的咖啡因而困扰。

14. 冰咖啡

冰咖啡是由四种上等的咖啡原豆，按比例特殊工艺烘焙而成，在热气不蒸发的冰咖啡制作过程中，保持咖啡的香浓，在炎热的夏日给你带来清凉的海风和亚洲古老的迷幻香气。

知识链接

世界各种咖啡特性综合分析表

类别	名称	产地	豆形特点	烘焙	味别					特性	饮用特点
					苦	甘	酸	香	醇		
阿拉比卡种	蓝山	牙买加	粒大而匀	浅	弱	中	强	强	中	咖啡之极品，苦甘酸适中	单饮
	夏威夷可娜	夏威夷火山区	均匀饱满	中浅		中	弱	强	中	香浓甘醇而酸，有略微的葡萄酒香	单饮
	摩卡	衣索比亚、也门	小而长，不均匀	浅	弱	中	强	强	强	独特的酸香口味，柔和甘醇	单饮、调配
	巴西	巴西	大而扁，均匀	中浅	中	弱		中		中性，清香略带苦味	单饮、调配
	哥伦比亚	哥伦比亚安第斯山脉	大而均匀，似蓝山	中浅		中	中	强	强	香醇厚实，酸甘滑口	单饮、调配
	曼特宁	印度尼西亚	稍小于蓝山，均匀	深	强			中	强	苦味强而厚实，饮之有劲	单饮、调配
	危地马拉	危地马拉	蜡状光泽	浅	中	弱	中	弱	弱	清香优雅，劲弱而酸	单饮、调配
	克里曼加罗	克里曼加罗山	粒大而匀	浅	弱	中	中	中	弱	色泽鲜丽，味酸而柔	单饮、调配
	洪都拉斯	洪都拉斯		浅	弱	弱	中	中	弱	清香淡雅	单饮
罗布斯特种		印尼爪哇岛等地	圆而小	深	强	中		中	弱	苦味特强烈，具独特香甘	单饮
综合咖啡	上岛					中	弱	强	强	芳香醇厚	单饮
	曼巴				中	中		中	强	微苦带甘	单饮
	炭烧	日本		深	强			弱	弱	苦强烈、带焦味	单饮
	意大利	意大利		深	强			强	强	味浓、醇厚	单饮

任务八　用聪明杯冲泡咖啡

学习目标

知识目标：能记住用聪明杯冲煮咖啡的方法，能运用聪明杯冲煮咖啡。

能力目标：会观察——能发现教师使用聪明杯冲煮咖啡过程中的技能要点；

会归纳——能整理总结用聪明杯冲煮咖啡的方法；

会操作——能灵活使用聪明杯冲煮咖啡；

会合作——能互相协助完成各个环节的任务。

情感目标：接受更多制作咖啡的方法，与同学分享自己的技能。

学习任务

一、聪明杯的小故事

Clever Coffee Dripper——聪明杯，近年来，受到了咖啡狂热者们太多的关注，供应者声称用它可以萃取出最佳的滴滤咖啡和法式咖啡，没有任何缺点。

聪明杯结合了法压壶和手冲壶的优点，简单、方便、易用。仅需两分钟的时间，不管你是咖啡达人，还是新手，都能轻松获得一杯优质的好咖啡。

二、聪明杯的结构

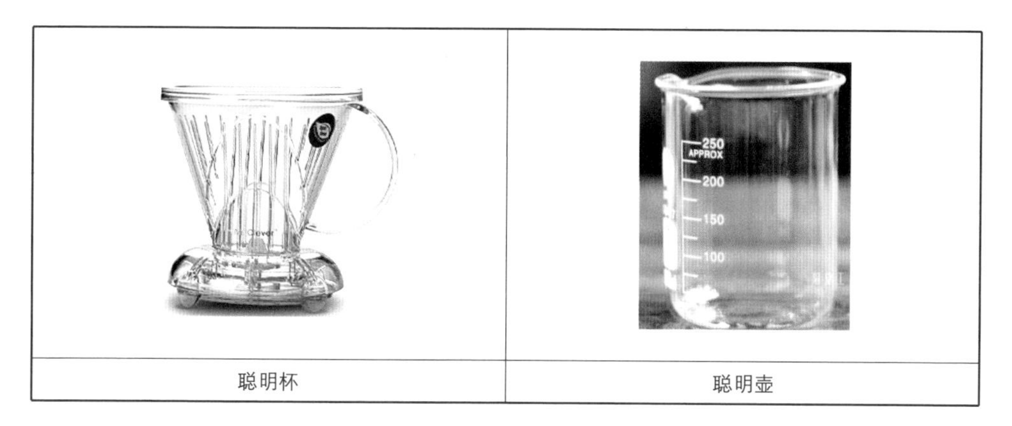

聪明杯	聪明壶

三、制作咖啡

1. 材料准备

聪明杯及热水壶	滤纸	咖啡豆

电子秤	咖啡杯、咖啡勺	磨豆机	温度计

2. 操作流程

序号	操作步骤	图　　示	操作说明
1	清洗滤布		将扇形滤纸两条边折向相反的方向，然后放入聪明杯中铺平
2	湿滤纸		沿着滤纸四周注入少量热水，浸湿滤纸使滤纸贴服在聪明杯上
3	投粉		取 16 ~ 22 g 咖啡豆（2 人份），中粗研磨，具体可以根据个人口味调整。将粉放入聪明杯中

续表

序号	操作步骤	图　示	操作说明
4	注水		注入 90℃～96℃的热水 300 g（2 杯份）
5	焖煮		盖上盖子浸泡 90 s，可根据个人喜好调整，但不超过 180 s
6	过滤		置于咖啡壶上咖啡液会自动滤出，也可搅拌后再过滤
7	斟倒咖啡		斟倒咖啡液时移开聪明杯，将咖啡倒入温过的咖啡杯中至八分满

四、聪明杯的原理

聪明杯底部中间的圆形是一个可活动的部分，在四个支架角的支撑下，活塞悬空下落与密封圈完美闭合以阻挡住水流；当把聪明杯放在杯子或者分享壶上时，活动的部分被抵了上去，活塞向上与密封圈分离，水就可以流下来了。

技能训练

学生分小组练习用聪明杯冲泡咖啡。模拟工作场景，向客人介绍聪明杯的来历以及特点。其他同学对调制过程及制作后的咖啡进行观察和评价。

用聪明杯冲泡咖啡实操训练

序号	评价项目	评价标准	完成情况			
			好	中	差	改进方法
1	仪容仪表	（1）头发干净、整齐，发型美观大方。女士淡妆，男士不留胡须及长鬓角，使用无味的化妆品； （2）手及指甲干净，指甲修剪整齐，不涂有色指甲； （3）着装符合岗位要求，整齐干净，不佩戴过于醒目的饰物				
2	准备工作	准备器具和材料				
3	介绍	能对每一步骤进行清晰的讲解并说明要点				
4	操作步骤	装滤纸				
		湿滤纸				
		投粉				
		注水				
		搅拌				
		焖煮				
		滤咖啡				
5	成品	味道、颜色				
6	服务	装杯入碟、配勺				
		对客服务				
7	清洁	对器具进行清洗、归位，对操作区域进行清洁				
8	完成时间	分，秒				

技能评价

综合评价：

拓展阅读

庄园咖啡叫“Estate-Grown Coffee”，它的概念来自葡萄酒农庄，不同的农庄会有不同风味的葡萄酒，不同的农庄也会有不同口感的咖啡豆。

一、拉米妮塔农庄

拉米妮塔农庄位于哥斯达黎加首都圣荷赛南边的一个叫“达拉珠”的地方；标志有“达拉珠”的哥斯达黎加咖啡便是这个地区的产品。自 1976 年起，比尔·麦亚宾接管家族的咖啡园，在他坚持不懈地钻研咖啡的特性以及苦心经营下，“达拉珠”咖啡被咖啡喜爱者奉为上品庄园咖啡，拉米妮塔农庄的名声也远播四海，成为咖啡农庄里的佼佼者。

二、西格里农庄

位于巴布亚新几内亚的西部高地，已有 20 多年的历史。农庄的大部分咖啡树都种植在 5 200 ft① 以上的高山山区，气候凉爽宜人，所产出的庄园咖啡风味浓厚、甘味余绕，具有区别于其他农庄咖啡的特点，也是不可多得的高品质咖啡；而且许多高档次的浓缩咖啡配方，都是指定要求选用西格里的咖啡豆子，西格里农庄的咖啡豆在业界也拥有较高的声誉。

① 1 ft=0. 304 8 m。

附录一　咖啡师理论考试模拟试题及参考答案

一、单项选择题

1. 加强职业道德建设，能更好地促进（　　）正常发展。
A. 市场经济　B. 企业经济　C. 社会公德　D. 职业生涯

2. 下列不属于职业道德的特点是（　　）。
A. 广泛性　B. 具体性　C. 实践性　D. 重要性

3.《中华人民共和国食品卫生法》于（　　）公布实施。
A. 1994 年　B. 1995 年　C. 1996 年　D. 1997 年

4. 下列不属于我国食品卫生监督的是（　　）。
A. 新闻部门　B. 政府部门　C. 社会团体　D. 公民个人

5. 最早种植咖啡的阿拉伯人把它叫作（　　）。
A. Qahwah　B. Oahwah　C. Quhve　D. Quhva

6.（　　）年咖啡在中国台湾首次种植成功。
A. 1882　B. 1883　C. 1884　D. 1885

7. 咖啡种植的决定性因素是（　　）。
A. 温度　B. 气候　C. 土壤　D. 水分

8. 哥伦比亚地区的咖啡收获期为（　　）。
A. 自 3 月至 5 月下旬　B. 自 5 月至 6 月下旬
C. 自 10 月上旬至次年 1 月下旬　D. 自 10 月至次年 2 月下旬

9. 罗伯斯特咖啡豆也称为（　　）。
A. 福拉尼卡豆　B. 福尼拉卡豆　C. 尼拉福卡豆　D. 卡尼福拉豆

10. 下列不是罗伯斯特主要分布地区的是（　　）。
A. 印度尼西亚　B. 菲律宾　C. 南美洲　D. 非洲中西部

11. “羊皮纸咖啡豆”通常在（　　）去壳机上去壳。
A. 摩擦　B. 紧压　C. 滚动　D. 横杆

12. 咖啡豆在烘焙时表层上出现深棕色斑点的是（　　）烘焙。
A. 肉桂　B. 维也纳　C. 意大利　D. 法式

13. 第二大咖啡消费国是（　　）。

A. 美国 B. 中国 C. 德国 D. 法国

14. 下列不属于我国咖啡种植基地的是（ ）。

A. 云南 B. 海南 C. 广东 D. 福建

15. 在 80 多个咖啡品种中，只有（ ）咖啡豆用作商业用途。

A. 牙买加 B. 阿拉伯 C. 意大利 D. 哥伦比亚

16. 一般人一天吸收 300 mg 约（ ）杯煮泡咖啡的咖啡因，对人的机警和情绪会带来好的影响。

A. 1 B. 2 C. 3 D. 4

17. 一杯意式浓缩的咖啡粉用量是（ ）g。

A. 16 B. 15 C. 14 D. 13

18. （ ）的奶泡适合做卡布奇诺。

A. 19 ℃~22 ℃ B. 22 ℃~26 ℃ C. 26 ℃~32 ℃ D. 32 ℃~35 ℃

19. 在品尝咖啡时，发酸的感觉区主要位于舌头的（ ）。

A. 后侧 B. 前端 C. 两侧 D. 中间

20. 在咖啡的专业术语中 Body 是指咖啡的（ ）。

A. 醇度 B. 深度 C. 复杂度 D. 风味

21. 半自动咖啡机的水压为（ ）Pa。

A. 1~1.2 B. 1.5~1.8 C. 2~2.3 D. 2.5~3

22. 意式磨豆机的刀组为（ ）。

A. 锥形 B. 平行 C. 螺旋 D. 圆形

23. 滤泡式第一泡的水温为（ ）℃。

A. 90 B. 91 C. 92 D. 93

24. 法兰西热咖啡配方中需要（ ）杯热牛奶。

A. 二分之一 B. 三分之一 C. 四分之一 D. 五分之一

25. 美式热咖啡配方中咖啡与开水的比例为（ ）。

A. 1∶2 B. 1∶3 C. 1∶8 D. 1∶9

26. 咖啡烘焙时，因热度增加而使体积为生豆的（ ）倍。

A. 1 B. 1.5 C. 2 D. 2.5

27. 使用虹吸壶煮制咖啡时间为（ ）s。

A. 40 B. 45 C. 50 D. 55

28. 用虹吸壶做一杯单品咖啡时，需加（ ）mL 的水。

A. 120 B. 140 C. 160 D. 180

29. 冰茶中泡沫冰红茶配方中需（ ）分满冰块。

A. 六 B. 七 C. 八 D. 九

30. 半自动咖啡机的大气压为（　　）bar。
A. 6　B. 7　C. 8　D. 9
31. 咖啡储存地方条件（　　）。
A. 阴凉干燥　B. 阴凉潮湿　C. 光照干燥　D. 阴暗潮湿
32. 爱尔兰咖啡需要把方糖和（　　）进行加热融化后再加入咖啡。
A. 白兰地　B. 威士忌　C. 力娇酒　D. 朗姆酒
33. 使用虹吸壶煮咖啡时水温应控制在（　　）。
A. 75 ℃~80 ℃　B. 85 ℃~90 ℃　C. 90 ℃~95 ℃　D. 100 ℃
34. 下列选项（　　）属于法式烘焙的特点。
A. 咖啡豆表层没有油脂　B. 苦味强劲，色泽像苦巧克力
C. 酸味中带有苦味　D. 香醇，酸味可口
35.（　　）烘焙适合哥伦比亚及巴西咖啡。
A. 中度　B. 中度（微深）　C. 中度（深）　D. 深度
36. 在意式咖啡的配种中占比最大的是（　　）。
A. 巴西　B. 古巴　C. 曼特宁　D. 哥伦比亚
37. 被称为“羊皮纸”的咖啡是（　　）。
A. 坦桑尼亚　B. 巴西　C. 土耳其　D. 肯尼亚
38. “图亚诺”咖啡的产地是（　　）。
A. 牙买加　B. 美国　C. 希腊　D. 古巴
39. 下列不属于摩卡咖啡味道的是（　　）。
A. 有苦味　B. 没有酸味　C. 醇味浓　D. 香味浓
40. 巴西“山度士”是以（　　）命名。
A. 烘焙方式　B. 加工方法　C. 生产国　D. 消费国
41. 下列不属于判断咖啡豆好坏方法的是（　　）。
A. 看　B. 压　C. 切　D. 闻
42. 制作拉花咖啡时步骤为（　　）。
A. 先奶泡后咖啡　B. 先牛奶后咖啡　C. 先咖啡后牛奶　D. 先咖啡后奶泡
43. 冲泡咖啡通常用的鲜奶油脂肪含量为（　　）。
A. 15%~20%　B. 20%~25%　C. 25%~35%　D. 35%~45%
44. 阿拉比卡咖啡豆的外形为（　　）。
A. 短椭圆形　B. 长椭圆形　C. 扁形　D. 偏菱形椭圆形
45. 咖啡偶尔出现果实内只有一粒种子的称为（　　）。
A. 果豆　B. 咖啡豆　C. 咖啡种　D. 果实
46. 在咖啡专业术语中酸味翻译为（　　）。

A. Sour　　B. Winy　　C. Spicy　　D. Acidity

47. 咖啡豆的挑选采摘以（　　）天为间隔。

A. 5~12　　B. 8~15　　C. 7~15　　D. 10~15

48. 阿拉比卡咖啡豆和罗伯斯特咖啡豆产量分别占世界产量的（　　）。

A. 70%和 30%　　B. 60%和 40%　　C. 80%和 20%　　D. 65%和 35%

49. 世界上第一袋速溶咖啡是（　　）人发明的。

A. 日本　　B. 德国　　C. 英国　　D. 美国

50. 在（　　）每年都会举行世界性的拉花比赛。

A. 英国　　B. 美国　　C. 巴西　　D. 意大利

51. 将咖啡用来占卜的国家是（　　）。

A. 土耳其　　B. 希腊　　C. 古巴　　D. 维也纳

52. 每颗果实的含水量在四周后将下降到（　　）。

A. 10%　　B. 11%　　C. 12%　　D. 13%

53. 下列不属于咖啡四大分类的是（　　）。

A. Cinnamon Roast　　B. Vienna Roast

C. Italian Roast　　D. America Roast

54. 在咖啡的味道中 Mellow 被译为（　　）。

A. 芳醇　　B. 柔和　　C. 清淡　　D. 香甜

55. 浓缩咖啡机起源于意大利咖啡机，适用（　　）的冲煮方式。

A. 低压、慢速　　B. 高压、慢速　　C. 高压、快速　　D. 低压、快速

56. 被称为“可可”的阶段咖啡豆表皮为（　　）色。

A. 黑　　B. 暗红　　C. 暗褐　　D. 咖啡

57. 影响咖啡豆的三大因素是（　　）。

A. 温度、湿度、通风　　B. 湿度、通风、光度

C. 光度、湿度、通风　　D. 温度、湿度、光度

58. 星巴克的标志为（　　）。

A. C 字形椭圆标志　　B. 英文圆形标志

C. 美人鱼标志　　D. 绶带环绕圆形标志

59. 一贯追求“以人为本”的是（　　）咖啡。

A. 真锅咖啡　　B. 名典咖啡　　C. 老树咖啡　　D. 上岛咖啡

60. 下列不属于 4P 理论的是（　　）。

A. 价格　　B. 产品　　C. 渠道　　D. 营销

61. 下列不属于新产品开发风险的认识与防范的是（　　）。

A. 要适应市场需求　　B. 量力而行，量入而出

C. 倡导联合开发的新模式　　D. 目标市场全面覆盖

62. 下列（　　）不属于产品品牌作用。

A. 象征利益　　B. 表明产品内在属性

C. 使其他企业不得仿效　　D. 表明产品品质

63. 在产品心理定价策略中不包含（　　）。

A. 尾数定价　　B. 声望定价　　C. 习惯价格　　D. 市场定价

64. 质量意识的含义不包含（　　）。

A. 职业　　B. 评价　　C. 服务　　D. 管理

65. 下列不属于人力资源管理环节的是（　　）。

A. 获取　　B. 整合　　C. 调整　　D. 奖励

66. 员工的培训内容不包括（　　）培训。

A. 外语　　B. 操作技能　　C. 知识　　D. 职业道德

67. 员工的招聘不包括（　　）原则。

A. 公开　　B. 平等　　C. 择优　　D. 顺序

68 下列不属于员工的甄选方法是（　　）。

A. 面谈法　　B. 问卷法　　C. 实操法　　D. 档案法

69. 下列不属于目标管理实施的是（　　）。

A. 明确经营策略　　B. 实现自我管理

C. 监督与检查　　D. 控制与协调

70.（　　）不是咖啡馆的微观环境。

A. 内部环境　　B. 技术环境　　C. 咖啡豆供应商　　D. 顾客

71. 企业文化对企业的作用不包含（　　）功能。

A. 凝聚　　B. 约束　　C. 导向　　D. 奖励

72. 质量意识是服务行业文化宗旨和员工（　　）的体现。

A. 职业道德　　B. 职业素养　　C. 职业需要　　D. 服务意识

73. 在质量管理控制的事后阶段不包括（　　）。

A. 处理遗留问题　　B. 处理质量信息问题

C. 质量检查统计　　D. 制定质量管理标准

74. 在质量管理的基本方法 PDCA 中 C 代表（　　）。

A. 处理　　B. 执行　　C. 检查　　D. 计划

75. 市场细分中（　　）不属于按心理因素细分。

A. 性别　　B. 生活方式　　C. 个性　　D. 社会阶层

76. 星巴克等连锁品牌咖啡的目标市场选择的是（　　）覆盖模式。

A. 产品—市场　　B. 产品专业化　　C. 市场专业化　　D. 全面

77. 据调查，星巴克员工的流失率为同行业的三分之一，由此不能说明的是（　　）。

　　A. 品牌咖啡具有吸引力　　B. 优厚的员工待遇

　　C. 优秀的企业文化　　D. 让员工贡献主意

78. 咖啡馆经营需要准备的是（　　）。

　　A. 选址　　B. 筹备资金　　C. 选择供货商　　D. ABC 全选

79. 不是连锁加盟咖啡店的优势是（　　）。

　　A. 风险低　　B. 成功率高　　C. 成本高　　D. 效益高

80. 不是连锁体系的经营形态的是（　　）。

　　A. 自愿加盟连锁　B. 特许加盟连锁　C. 代理加盟连锁　D. 直营加盟

二、判断题

1. 职业道德是指从事一定职业的人，在工作和劳动中，所应遵循的社会道德原则和规范的总和。（　　）
2. 食品卫生的标准一般分为国家标准、行业标准、地方标准和企业标准四个等级。（　　）
3. 将咖啡定名为“coffee”是在 19 世纪。（　　）
4. 公元 575 年，第一棵咖啡树在阿拉伯半岛被种植。（　　）
5. 也门的国花是咖啡树。（　　）
6. 咖啡树种植的理想高度为 500~2 000 m。（　　）
7. 阿拉比卡咖啡分支中最著名的是第皮卡和波旁。（　　）
8. 罗伯斯特咖啡豆的成熟期是 6—8 月。（　　）
9. 湿处理过的咖啡豆，内果皮必须被干燥到含水量约为 12%，咖啡豆才处于稳定状态，易于储存。（　　）
10. 烘焙程度微深的咖啡豆适合中南美人士饮用。（　　）
11. 人们用 Full City 来表示深度烘焙的咖啡豆。（　　）
12. 云南咖啡豆属于立伯利卡种。（　　）
13. 对咖啡市场的分析表明，人们仍是以喝速溶咖啡为主，且女性多于男性。（　　）
14. 咖啡豆所含的糖约 11%，经过烘焙后大部分会转化成焦糖。（　　）
15. 含有苦味的浓咖啡，适合添加发泡式奶油。（　　）
16. 行动式、独立式、永续性、简单化、高效率是上岛咖啡运作系统的五大特色。（　　）
17. 风雅老树咖啡这一品牌是潘拯民先生于 1992 年从中国台湾引进成都的。（　　）

18. 在人力资源管理中将人视为成本。（ ）

19. 激励管理能引发员工做事的欲望，保持做事的时间，保持做事的具体行为。（ ）

20. 质量控制中质量分为有形产品质量和无形服务产品质量。（ ）

参考答案

一、单项选择题

1-10：A D B B A C B D D C　11-20：A B C D B C C C A A

21-30：B A D A C B D C C D　31-40：A B C B C A D D B C

41-50：C D C B A D B A A B　51-60：B C C A C B D B C D

61-70：D C D B D A D C A B　71-80：D B D C A B A D C C

二、判断题

1-10：×√××√√√××√　11-20：××××√×××√√

附录二　咖啡师操作技能考核评分记录表

一、咖啡师操作技能考核准备通知单

（一）考场准备

（1）考场面积不小于 40 m^2，设有 4 个考评位，每个考评位有 1 套桌椅。

（2）考场采光良好，不足部分采用照明补充，保证工作面的照明度。

（3）考场应干净整洁，无外部环境干扰，操作台应设有上下水设施。

（4）考前由考务管理人员检查考场各考位应准备的材料是否齐全。

（二）材料准备

序号	名称	型号与规格	单位	数量	备注
1	操作台	设有 4 个考位，每个考位不少于 2 m^2	位	4	
2	煮制工具	三人份和五人份虹吸壶 摩卡壶，法压壶，比利时皇家壶	套	2	
3	磨豆机	古式房子磨豆机，电动磨豆机	台	1	
4	服务工具	搅拌棒，奶泡器，拉花钢杯，拉花棒，奶油枪，宫廷细口壶，压粉器，盎司杯，酒精灯	套	1	
5	载杯	咖啡杯，爱尔兰咖啡专用杯，玛格丽特杯，雪梨杯，威士忌杯	套	4	
6	酒水	制作经典咖啡所需辅料和配料； 威士忌酒，白兰地酒，利口酒，薄荷酒，力娇酒，红石榴糖浆等； 全脂牛奶，炼乳，奶精，鲜奶油等； 薄荷，时鲜水果等； 方糖，糖粉，冰糖，咖啡糖等； 巧克力酱，巧克力粉，肉桂粉，七彩米	批	1	

二、咖啡师操作技能考核试卷

考生姓名：____________　准考证号：____________　工作单位____________

（一）操作程序

1. 考生按制作顺序准备好所需咖啡豆、用具和物品，依次放在操作台上；

2. 考生在准备工作结束后，举手示意“准备完毕”；待其他人准备完毕后，方可同时开始操作，计时开始；

3. 所有有盖容器使用完毕后及时盖好，将其放回原处；

4. 咖啡制作完成，举手示意“操作完成”，表示操作结束，计时停止。

（二）考核内容

1. 仪容仪态及礼仪；准备工作。（5 分钟）

2. 讲解即将要制作的咖啡。（10 分钟）

3. 制作单品咖啡及两款花式咖啡。单品咖啡制作要采用虹吸壶。两款花式咖啡：一款要求制作卡布奇诺咖啡；另一款要求制作冰咖啡。（30 分钟）

4. 操作完成后的后续工作。（5 分钟）

5. 满分 100 分，考试时间 50 分钟。

三、咖啡师操作技能考核评分记录表

考生姓名：__________ 准考证号：__________ 工作单位__________

序号	考核内容	项目	分值/分	评分标准	扣分	得分
1	仪容仪态及礼仪（20 分）	头发	4	男生后不盖领，侧不盖耳，干净整齐，头发黑色； 女生不留披肩发，刘海不遮眼，干净整齐，头发黑色		
		面部	2	男生不留胡须；女生淡妆		
		手及指甲	2	手与指干净，指甲修剪齐，不涂指甲油		
		服装	4	穿工作服，干净整齐，无破损、无污迹，熨烫挺括		
		鞋袜	2	鞋：黑色皮鞋，干净光亮，无破损； 袜：颜色男深女浅，干净不皱，无破损		
		首饰	2	佩戴规范，不戴夸张饰物		
		言行举止	4	大方、自然、精神、微笑		
	准备工作（5 分）	挑选物品	2	与所制作咖啡相符		
		操作台	3	干净，整洁，物品摆放整齐		

续表

序号	考核内容	项目	分值/分	评分标准	扣分	得分
2	讲解（5分）	内容	3	内容完整，步骤有条理		
		语言	2	吐字清晰，语速适中，讲解生动		
3	单品制作（20分）	规范	2	正确选择用具和杯具		
			4	所用材料用量准确		
			4	制作方法正确		
			5	煮制时间掌握准确		
		整洁	2	拿取物品手法整洁		
			3	没有掉落物品或滴洒液体		
	花式制作2款（40分）	规范	2	正确选择用具和杯具		
			8	所用材料用量准确		
			8	材料加入先后顺序正确		
		整洁	2	拿取物品手法整洁		
			3	装饰物的制作整洁		
			3	没有掉落物品或滴洒液体		
		效果	2	外形装饰美观		
			3	载杯分量准确		
			4	味道符合所选咖啡特征		
	时间	30 min	5	在规定时间内完成（每超30 s扣1分）		
4	清洁（5分）	操作台	3	干净，整洁，无污渍		
		使用物品	2	清洗洁净，没有破损		
5	总体印象（5分）		5	举止得体，动作优雅		
6	总计得分		100			

附录三　花式咖啡创作示例

一、盆栽咖啡

1. 价格

36 元（含材料成本 9 元）。

2. 选用材料

曼特宁咖啡	120 mL
全脂牛奶	100 cc
黑糖糖浆	1/5 oz
冰块	适量
发泡奶油	适量
奥利奥碎	适量

3. 操作步骤

（1）将加黑糖糖浆的牛奶放在水盆里冰镇 3 min 左右。

（2）将冰镇的牛奶打发至五成。

（3）在咖啡杯中加入适量的冰块。

（4）将冷却的咖啡倒入咖啡杯中。

（5）在咖啡杯中倒入打发好的牛奶和淡奶油。

（6）在奶油上轻轻地撒上奥利奥碎。

（7）再在奥利奥碎上插上小植物当作盆栽。

4. 口感

“盆栽咖啡”分成3个颜色分明的层次，每层都会带来不同口感；最底层是口味醇美又略带苦涩的曼特宁单品冰咖啡，往上一层是温润丝滑的鲜奶泡沫和香甜可口的焦糖的融合，让原本甘苦的咖啡变得柔滑香甜、甘美浓郁；再者是香脆的奥利奥碎。这款咖啡既有咖啡的浓烈，又包容了焦糖的甜美，更融合了牛奶的柔滑。

5. 创作理念

“浓黑如恶魔，滚烫如地狱，清纯似天使，甜美像爱情”，正如浪漫的法国人对咖啡的评价，这杯冰爽清凉、洋溢着浓厚甜美的咖啡，使人仿佛置身于爱情浓烈之时，若一段甜美的爱情即将展开。这款咖啡既让人体验到爱情的醇美，在夏日又能带来无限的冰爽。这款饮品适合害怕咖啡的苦涩的老人、小孩、女性和身在热恋之中的情侣饮用。

（创作者：文敏）

二、彩虹冰咖啡（Rainbow Ice Coffee）

1. 价格

38元。

2. 材料

蜂蜜 1/2 oz、红石榴汁 1/2 oz、碎冰适量、冰咖啡 1 杯、鲜奶油适量、草莓冰淇淋 1 球、红樱桃 1 个作为装饰。

3. 程序

依序加入 1/2 oz 蜂蜜，1/2 oz 红石榴汁，碎冰八分满，冰咖啡慢慢倒入约八分满，再加鲜奶油一层、1 球草莓冰淇淋，最上面放一个红樱桃。

4. 特色

创新的多层次表现，凸显其迷人丰采。

5. 诀窍

每一层的分量都要适当，勿多加或减少，动作要迅速，以防各层混合，失去美感，也会影响清爽的口感。

6. 味道

甘甜醇、细腻（但不是甜腻的感觉，是一种很清爽的感觉）。因为是咖啡和石榴汁混合，所以略有酸甜感（没有桑葚汁那么浓烈的酸，是淡淡的那种）。

7. 设计灵感

一个赋予艺术气息的饮品，光它的名字就足够挑起消费者的兴趣。彩虹咖啡是一种分层饮料，借鉴了鸡尾酒调制的方法，既有浓浓的咖啡味道，又有鸡尾酒的分层艺术，绝对是炎炎夏日不可多得的饮品。它的外观犹如彩虹般令人赏心悦目。创新的多层表现，凸显出迷人气息，夏日雨后的清凉感也随之扑鼻而来，加上冰感十足，让人垂涎欲滴。做这款咖啡的灵感，除去一直以来学习的咖啡知识、咖啡技能外，就是海南雨后的彩虹，以前在老家由于环境的因素，很少看见彩虹。第一次在海南见到彩虹时的场景，兴奋不已，海南的彩虹又大又美，有时还可以看到双彩虹，所以这款咖啡由此而来。

（创作者：王欣悦）

三、Life Coffee

1. 价格

成本约 6 元，售价 35 元。

2. 选用材料

150 mL 热咖啡，鲜奶油 30 mL，炼乳 13.5 g，冰块 1 杯，巧克力酱少许，巧克力彩针，樱桃 1 粒。

3. 器具

虹吸壶，塑料小量杯，铁勺，杯具。

4. 制作步骤

（1）加炼乳至杯底，放一颗樱桃。

（2）加冰至八成满。

（3）慢慢注入咖啡至八九成满。

（4）注入奶油，淋上巧克力酱，最后撒上巧克力彩针。

5. 口感

柔和绵软，芳醇细腻。

6. 理念设计上，适合中年以及成熟群体

设计理念：咖啡给人的最初体验是苦与酸，炼乳太过于甜，樱桃一丝酸，奶油绵密。这些滋味感触就如人生一般，苦甜交错，回味无穷。体验咖啡、樱桃的苦与酸，接着体验炼乳的大甜，搅拌之后，时而微苦，时而微酸，时而甜蜜，时而平淡。跌宕起伏的人生，充满了各异的滋味，历经狂风暴雨、彩虹晴天之后，我们获得的是对人生平和的心态。Life Coffee 是本人对人生理解的感悟。此外，鲜甜的炼乳、营养美容的樱桃、绵密的奶油综合冰咖啡，给夏季带来了几丝凉爽和温馨。

（创作者：郑郁凰）

四、琴弦上的舞动

1. 价格

成本价 5 元，固定成本 2. 1 元，开店价 24 元，利润 16. 9 元。

2. 选用材料

冰块 1 杯，浓缩橙汁 0. 25 oz，雪碧 11 oz，热咖啡 130 mL，橙子片 1 片。

3. 工具

虹吸壶咖啡：虹吸壶，酒精灯，打火机，咖啡杯，干湿抹布各一块，搅拌棒，盛有热水的拉花杯，咖啡勺。

花式咖啡：杯具，盎司杯，调酒棒。

4. 制作步骤

（1）杯中加入碎冰至七分满，倒入浓缩橙汁和雪碧搅拌。

（2）缓缓地将咖啡注入杯中。

（3）在杯口上挂上橙片进行装饰。

5. 口感

清爽甘甜，补充维生素 C。

6. 设计理念

褐色的咖啡液，在温暖的日光浴中，翩翩起舞；橙汁的酸甜融合着咖啡淡淡的香味，在味蕾上舞动着，吸引着那些热爱咖啡厅优雅环境却不能接受咖啡苦味的美女和宝宝们。

（创作者：张琦琦）

五、七彩童年

1. 价格

市场售价 36 元，成本约 6 元。

2. 材料

热咖啡一杯；牛奶适量；棉花糖一个；七彩软糖和糖果若干；巧克力酱 0.5 oz。

3. 制作过程

（1）首先倒入虹吸壶所煮咖啡。

（2）将事先冰好或热好的牛奶打成奶泡。

（3）将奶泡注入，浮在咖啡上。

（4）倒适量巧克力酱拉花做装饰。

（5）加入适量水果软糖。

（6）将棉花糖浮在奶泡上即可。

4. 味道

咖啡的苦涩与软糖和棉花糖的融合，使咖啡苦而不涩、甜而不腻，其中还夹杂着淡淡的果香味。

5. 针对人群

可爱的外表加香甜的口味，主要针对中青年男女创作。

6. 创造灵感

七彩童年的命名来源于彩色糖果、棉花糖及大黄鸭的梦幻，这些年少时的最爱带我们穿越时空，回到了无忧无虑的童年。初品尝时，杯中咖啡的苦涩伴着浓浓的醇香，让我们想起童年的喜怒哀乐，待杯底的七彩水果软糖与咖啡融合后，苦与甜的交融伴着淡淡的果香，带给我们憧憬和遐想，快乐减去忧伤，组成了那梦一般的七彩童年！

（创作者：字明翠）

六、蔓越风情冰咖啡

1. 价格

成本估算 11 元；预售价格 35 元。

2. 制作器材及材料

创意玻璃杯，盎司杯，吧勺，冰块；薄荷酒 2 oz，冰咖啡 150 mL，奶油适量，蔓越莓适量。

3. 制作步骤

（1）向创意咖啡玻璃杯中倒入 2 oz 的薄荷酒。

（2）将事先准备好的冰咖啡缓缓注入杯中 3/4 处。

（3）喷上奶油并放上蔓越莓。

4. 咖啡口感

本款咖啡适合女性，清凉酸甜，在夏天给我们带来无限的魔力，蔓越莓除了因富含水果之中不可或缺的维生素 C 之外，它还有许多种荣登蔬果界当中含量最高宝座的营养素，因此对于人体健康有着多方面的益处，甜蜜顺滑，回味充分。薄荷酒的清爽味道包裹上咖啡的香醇苦涩，再加上奶油的醇香，让人回味无穷。建议搅拌均匀后喝，这样会使所有味道融合在一起，既不会太甜腻，又不会太苦涩，反而有一种淡淡的满足感，这样就更加深刻地反映了创作理念中所说的：现实的苦涩被甜腻包围，悲伤的情绪被满足带走。

5. 创作理念

冰咖啡，有一种不同的味道。从此我便坚定不移、无怨无悔地恋上了它。蔓越

莓，一个多么美丽的名字，一种分外清远幽香的果干，每天我都要捧上一杯，香气从杯孔中徐徐冒出，一阵沁人心脾的味道便幽幽然然地钻进鼻息，那种刹那间的舒畅安宁是任何饮料所无法替代的。我不知道自己是爱上它的冰爽还是恋上它的香溢，但我知道恋上蔓越风情就恋上了寂寞。当一口口啜饮进嘴，一种快乐、满足、冰爽便充满心头，一切的不快、一切的烦恼都逃逸得无影无踪，在满足之余却多了一些寂寞。爱情有很多种，幸福有许多种，就像我单恋蔓越风情，或许是其中的一种爱情与幸福吧。这杯咖啡就是一个甜蜜幸福的世界，在这个世界里我们每个人都仿若回到了最快乐的时光，清凉而享受！

（创作者：刘达赫）

七、红装素裹混合咖啡

1. 价格

成本估算 13 元，预售价格 39 元。

2. 制作器材及材料

艺术酒杯，盎司杯，水盆，冰块夹子，以上各一个；红石榴糖浆 1 oz，单品冰咖啡 150 mL，冰块适量，奶油适量，玫瑰花瓣适量。

3. 制作步骤

（1）向艺术杯中放入适量冰块。

（2）倒入 3 oz 红石榴糖浆。

（3）将事先准备好的冰咖啡缓缓注入杯中 3/4 处。

（4）把事先打好的奶油慢慢挤到杯中。

（5）最后再把玫瑰花瓣撒到奶油上。

4. 咖啡口感

清凉可口，香醇顺滑，拿起杯子首先会闻到玫瑰花浪漫的气息，红石榴糖浆淡淡的甜味包裹上咖啡的香醇苦涩，再加上奶油的甜腻，让人回味无穷。建议直接饮用，这样会使所有味道融合在一起，既不会太甜腻，又不会太苦涩，反而有一种淡淡的满足感。

5. 创作理念

咖啡的苦涩与淡淡石榴气息的糖浆融合，加上奶油微微的甜醇，再搭上独特玫瑰花瓣的香味，我想没有哪个女生会不喜欢；另外，此款咖啡在与石榴糖浆气味相融合的同时，也兼具了娇艳的石榴红，与咖啡混合后便形成了高贵的暗红色，再加上艺术的酒杯，点缀在纯白奶油上的零碎花瓣，就像冬日里鲜红的梅花被白雪包裹住一样，红装素裹，简直美极了！给人一种知性、优雅、高贵的气质，也更加赢得白领阶层、成熟气质女性的青睐。

（创作者：张佳瑶）

八、夏日清凉冰咖啡

1. 价格

成本价 10 元，开店价 30 元，利润 20 元。

2. 选用工具及材料

虹吸壶一套，打奶泡壶，杯具，盎司杯，吧勺、勺子各一个，量杯一个；蜂蜜柚子茶 30 mL，冰咖啡 150 mL，绿薄荷酒 1/3 oz，奶泡适量，冰块适量。

3. 制作步骤

（1）杯中先加入 30 mL 的蜂蜜柚子茶。

（2）加入冰块到三分满，用吧勺引流倒入 1/3 oz 的绿薄荷酒。

（3）加入冰块到八分满，在冰块的上面倒入事先准备好的冰咖啡。

（4）最后把事先准备好的奶泡，用勺子舀适量的奶泡放在上面。

4. 口感

甘甜醇、略有酸甜感。

5. 设计理念

清凉夏日冰咖啡，在炎炎夏日光听到这个名字就会让人有种想品尝它的欲望。它包含着咖啡的醇香、绿薄荷的清爽、蜂蜜柚子茶的酸甜；它是一款咖啡与绿薄荷酒的完美结合，一款能打动你的咖啡，炎炎夏日坐在海边的咖啡厅，一边舒心享受海浪拍打的旋律，一边饮用美味可口的冰咖啡……它能让你在夏日的热浪里感到清凉、提神，让你在炎炎夏日中保持清醒的头脑，无任何困意、烦躁之感。里面既有浓浓的咖啡味道，又有绿薄荷的清爽感，它绝对是炎炎夏日里不可多得的清凉饮品。

（创作者：钟鹏松）

九、朗姆咖啡（Rum Coffee）

1. 价格

成本价 12 元，开店价 38 元，利润 26 元。

2. 选用器具及材料

鸡尾酒杯、摇壶、勺子、拉花棒、冰夹、量杯；冰块 1 杯，白朗姆 1/3 oz，棕可可 1/2 oz，咖啡 3 oz，巧克力酱 1 盅，巧克力碎 1 碟，牛奶 130 mL，糖浆 1 盅。

3. 制作步骤

（1）将鸡尾酒杯边缘沾上糖浆后点缀巧克力碎。

（2）在摇壶中一次加入 3 oz 的冰咖啡、1/3 oz 的白朗姆、1/2 oz 的棕可可，加冰摇匀。

（3）将摇壶中的咖啡倒入鸡尾酒杯再加入打发好的奶沫。

（4）用巧克力酱点缀即可。

4. 口感

香浓醇厚，既有咖啡的浓香，又有酒的醇香，更有奶沫与巧克力的丝滑。

5. 设计理念

以咖啡为主体，加入增香的醇酒，酒与咖啡的完美融合定能让人回味无穷。在我的印象里白朗姆甘润醇厚、棕可可浓香四溢、咖啡微苦酸涩。三者的融合碰撞出了美妙的旋律。炎热的夏季来一杯夏日冰咖，一解烦闷燥热。

（创作者：陈红梅）

十、粉红回忆咖啡

1. 价格

成本估算 10 元，预计售价 36 元。

2. 所需器材及材料

摇壶、吧勺、果汁杯、盎司杯　手冲壶；200 mL 咖啡、1 oz 酸奶酒、0. 5 oz 红石榴糖浆、适量奶油、适量冰块、少许巧克力酱。

3. 制作步骤

（1）将 0. 5 oz 红石榴糖浆和 1 oz 酸奶酒倒入摇壶，加入适量冰块，摇匀。

（2）滤冰倒入杯中，再加入适量冰块。

（3）用吧勺沿杯壁注入煮好的咖啡，放入奶油，拉花即成。

4. 饮用口感及方式

本款咖啡有着大众化的口味，尤其适合女性及儿童饮用。建议搅匀品尝，几种原料混合后，轻轻小酌一口，唇齿间首先感受到的是咖啡混合奶油的醇香，缓缓咽下便会感受到一股樱花的甜蜜感，这便是酸奶酒与红石榴糖水巧妙结合的奥秘。总之，当你品尝这杯咖啡时伴随的就是如春天般的幸福与甜蜜感，让你回味无穷。

5. 创作理念

大多数儿童和女生都比较喜欢喝酸奶，而且酸奶一直以来作为健康的饮品，深受大家的喜爱。红石榴富含丰富的维生素 C。此外，还具有极强的抗氧化作用，经常食用有助于防止老化，达到美容养颜的效果。我把两种原料结合在一起，形成了梦幻般的粉红色，给人以甜蜜、浪漫的感觉。不仅如此，两者的甜味儿还中和了咖啡的苦涩，比较适合儿童及女生饮用。因为是叫粉红回忆咖啡，回忆就要更加浪漫才更值得去回忆，因此我在最后加入了浓香的奶油，制造了更多的甜蜜与浪漫，使得主题更加突出。

（创作者：梁子涵）

参考文献

[1] 尹灵，韦江佳. 咖啡实操基础教程［M］. 重庆：西南师范大学出版社，2013.
[2] 杨辉，侯广旭. 咖啡调制技能指导［M］. 北京：中国人民大学出版社，2011.
[3] 熊远超. 咖啡实用技艺［M］. 北京：科学出版社，2012.
[4] 郭光玲. 咖啡师手册［M］. 北京：化学工业出版社，2011.
[5]［美］苏珊，吉玛. 我爱咖啡［M］. 北京：科学技术出版社，2014.
[6] 秦德兵，文晓利. 咖啡实用技艺［M］. 北京：科学出版社，2012.